日本经典技能系列丛书

车床操作

(日) 技能士の友編集部　编著

徐之梦　译

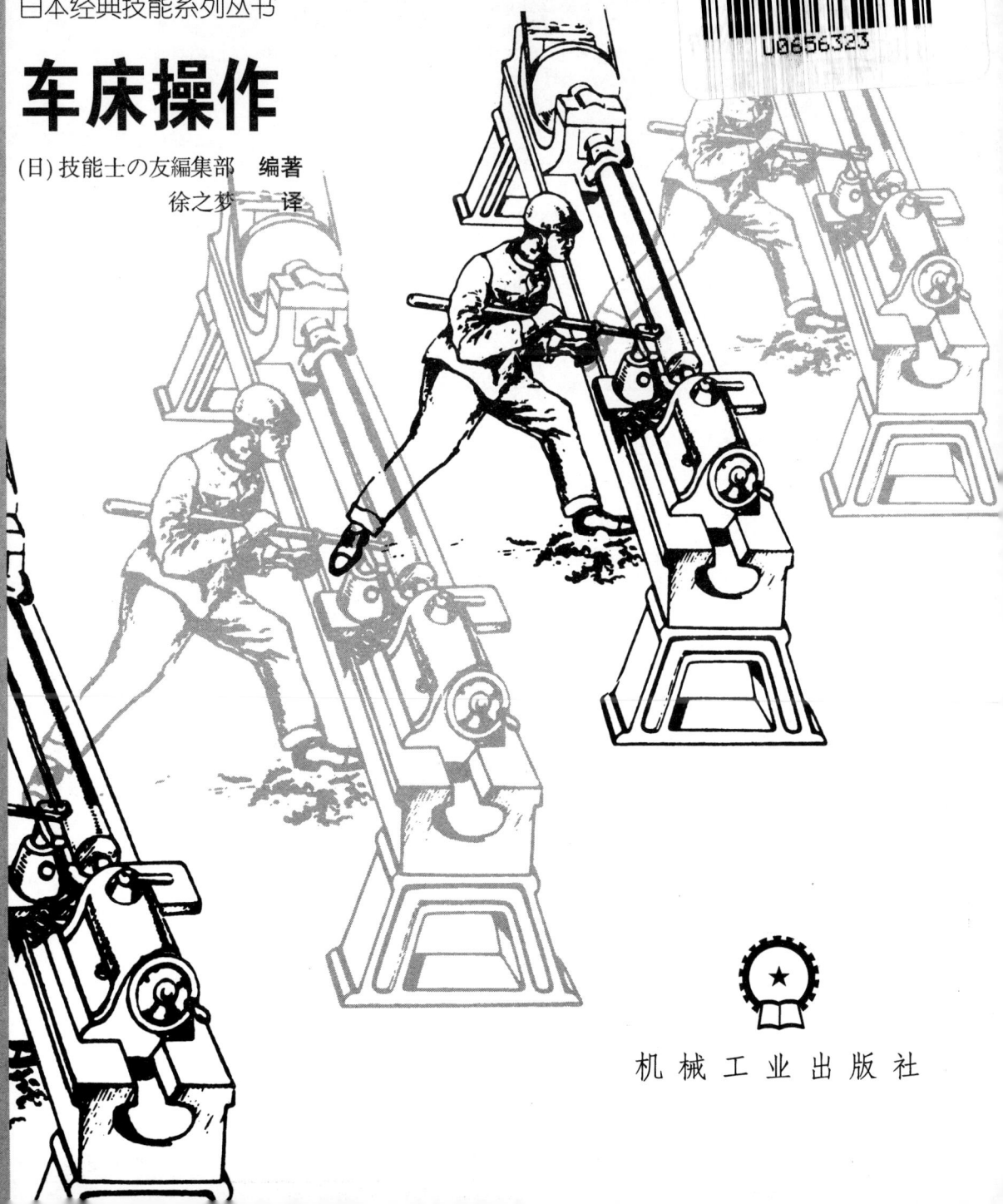

机械工业出版社

本书是一本关于车床操作的入门指导书，不仅介绍了车床各部分结构，车削圆柱面及端面、车孔等方法，还介绍了车削螺纹、车削球面、车削容易产生振动的工件的方法及相应夹具的选择方法，并用大量篇幅对车削时工具的使用方法及工件的测量方法进行了介绍。

本书图文并茂，实例丰富，可供车工入门培训使用，也可作为职业院校、技工学校相关专业师生的参考用书。

"GINO BOOKS 3：SENBAN NO TECHNICIAN"
written and compiled by GINOSHI NO TOMO HENSHUBU
Copyright © Taiga Shuppan，1971
All rights reserved.
First published in Japan in 1971 by Taiga Shuppan，Tokyo
This Simplified Chinese edition is published by arrangement with Taiga Shuppan，Tokyo in care of Tuttle-Mori Agency，Inc.，Tokyo

本书中文简体字版由机械工业出版社出版，未经出版者书面允许，本书的任何部分不得以任何方式复制或抄袭。版权所有，翻印必究。

本书版权登记号：图字：01-2007-2342 号

图书在版编目（CIP）数据

车床操作/（日）技能士の友编集部编著；徐之梦译．—北京：机械工业出版社，2014.2（2023.1重印）

（日本经典技能系列丛书）

ISBN 978-7-111-44955-3

Ⅰ.①车… Ⅱ.①日…②徐… Ⅲ.①车床–操作 Ⅳ.①TG511

中国版本图书馆 CIP 数据核字（2013）第 286315 号

机械工业出版社（北京市百万庄大街22号 邮政编码100037）
策划编辑：王晓洁 责任编辑：王晓洁 赵磊磊
版式设计：霍永明 责任校对：社雨霏
封面设计：鞠 杨 责任印制：任维东
北京中兴印刷有限公司印刷
2023 年 1 月第 1 版第 6 次印刷
182mm×206mm · 6.833 印张 · 190 千字
标准书号：ISBN 978-7-111-44955-3
定价：35.00 元

电话服务
客服电话:010-88361066

010-88379833

010-68326294

网络服务
机 工 官 网：www.cmpbook.com
机 工 官 博：weibo.com/cmp1952
金 书 网：www.golden-book.com

封底无防伪标均为盗版 机工教育服务网：www.cmpedu.com

出版说明

　　为了吸收发达国家职业技能培训在教学内容和方式上的成功经验，我们引进了日本大河出版社的这套"技能系列丛书"，共17本。

　　该丛书主要针对实际生产的需要和疑难问题，通过大量操作实例、正反对比形象地介绍了每个领域最重要的知识和技能。该丛书为日本机电类的长期畅销图书，也是工人入门培训的经典用书，适合初级工人自学和培训，从20世纪70年代出版以来，已经多次再版。在翻译成中文时，我们力求保持原版图书的精华和风格，图书版式基本与原版图书一致，将涉及日本技术标准的部分按照中国的标准及习惯进行了适当改造，并按照中国现行标准、术语进行了注解，以方便中国读者阅读、使用。

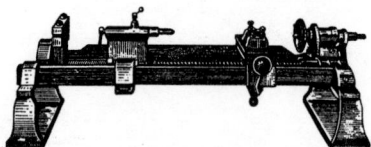

目 录

目　录

车削加工虽然是最为常见的加工方式，却尤为深奥。从机械运转、工具和量具的使用方法开始，到掌握理论和标准操作方法，最后都掌握了才能成为胜任的车工。我们将这样的胜任者称作"车床能手"。

　　但愿本书能让车床能手不断涌现，也就是说本书是为立志成为车床能手的人而作。

车床结构

● 车床的结构与操作

机床有许多种类，其中使用最多的是车床。

车床是使工件旋转，通过刀具与工件接触产生切屑进行加工的机床。车床是在18世纪出现的。

车床产生伊始就不断进行着各种改进，包括扩大使用范围、提高加工精度，一直发展到自动化，如今即使无人操作也能连续加工24h。车床分为卧式车床、台式车床、仿形车床、工具车床、落地车床、立式车床、转塔车床、螺纹加工车床等共20余种。本书主要介绍卧式车床（简称车床）。

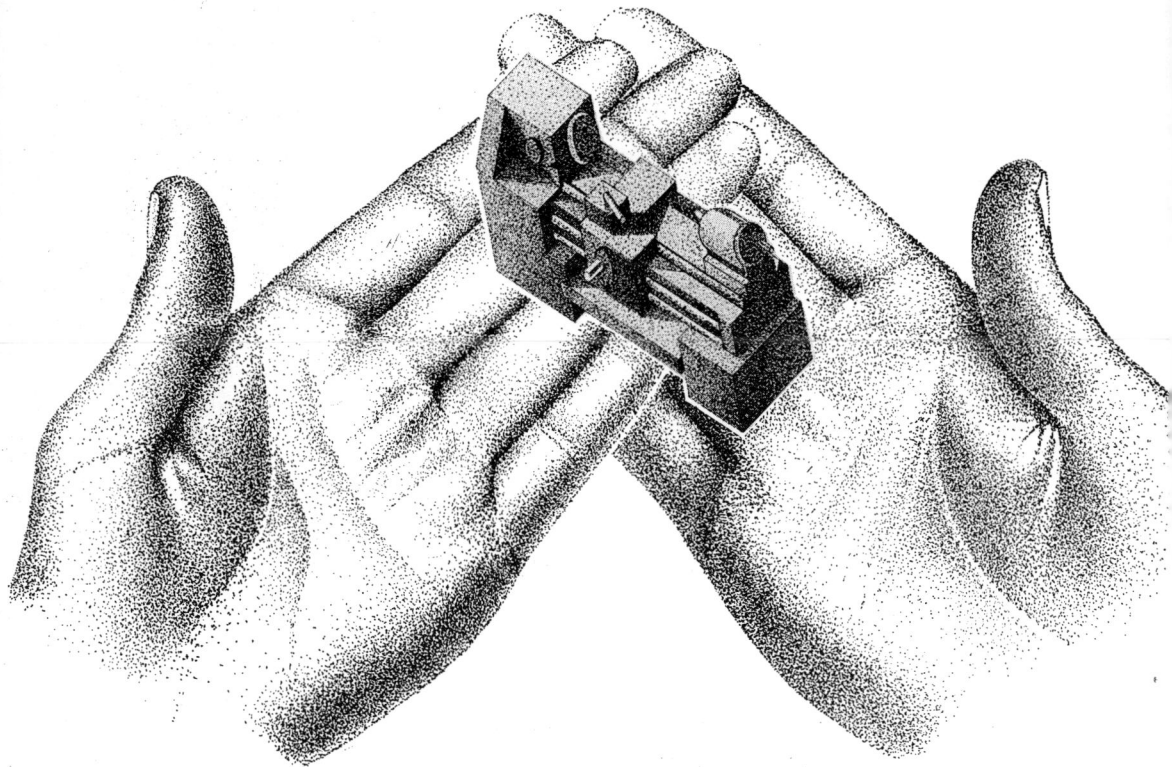

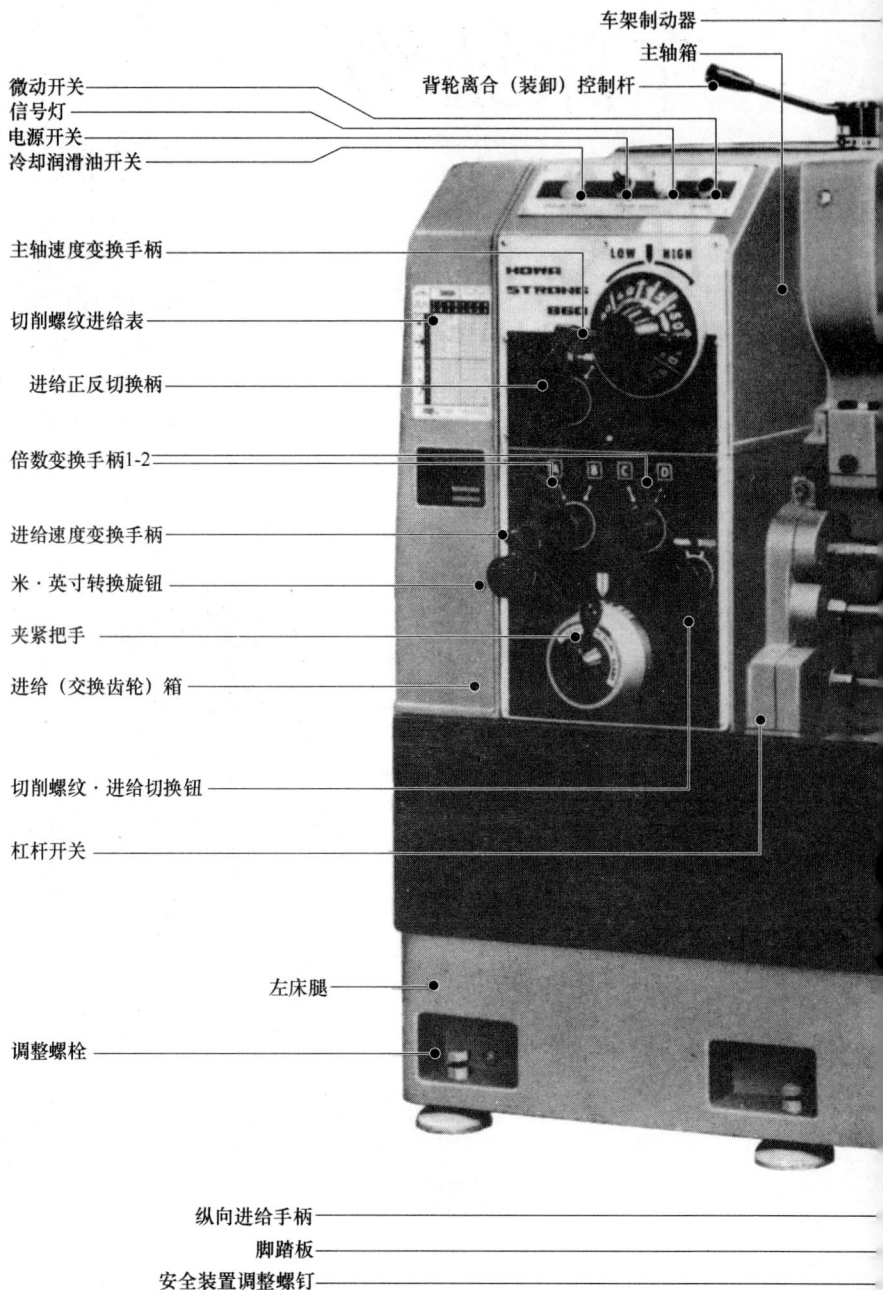

车架制动器

主轴箱

背轮离合（装卸）控制杆

微动开关

信号灯

电源开关

冷却润滑油开关

主轴速度变换手柄

切削螺纹进给表

进给正反切换柄

倍数变换手柄1-2

进给速度变换手柄

米·英寸转换旋钮

夹紧把手

进给（交换齿轮）箱

切削螺纹·进给切换钮

杠杆开关

左床腿

调整螺栓

纵向进给手柄

脚踏板

安全装置调整螺钉

横向进给手柄（中滑板手柄）

刀架
刀架滑鞍（小滑板）
回转工作台
横进给台（中滑板）
刀架固定杆

切削螺纹标度盘
床鞍固定螺栓
床鞍

刀架进给手柄（小滑板手柄）

尾座套筒锁紧手柄
尾座
尾座锁紧手柄

尾座套筒移动手轮

尾座紧固螺栓

底座

丝杠

尾端托架

进刀轴

起动轴

起动手柄

溜板箱

开合螺母手柄
手压泵
自动进给控制柄
纵横自动进给切换柄

右床腿

HOWA SANGYO

7

各种车床

车床是转动工件通过车刀进给进行切削加工的机器。车床是一个总的称谓，实际上有多种类型。在 JIS（日本工业标准）中，车床分为卧式车床、台式车床、仿形车床、多刀车床、工具车床、铲齿车床、转塔车床、落地车床、台式转塔车床、立式转塔车床、立式车床、车轮车床、轮轴车床、曲柄车床、曲柄销车床、凸轮轴车床、螺纹加工车床、丝杠车床、轧辊车床。

这里介绍以下几种。

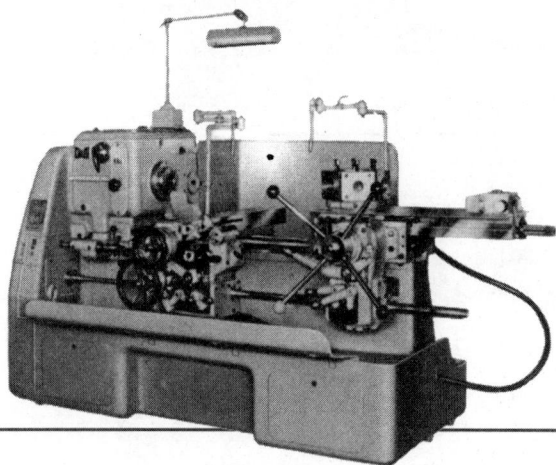

转塔车床

转塔车床用于大批量生产。该车床在尾座周围置以旋转刀架，连续不断地变换刀具进行加工。因其形似炮塔，故称为转塔车床。

立式车床

立式车床的主轴箱向下而立，用于加工大型但并不长的工件。其工作台在水平面内旋转。工件尺寸增大时其固定方法也有所不同。一般以工作台的直径表示机床型号。

8

台式车床

台式车床形状很小，放在工作台上，主要用于加工小型零件。加工钟表零件等精密零件的机床称为钟表车床（微型车床）。

落地车床

落地车床是主轴箱直接安装在地基上，以端面切削为主的车床。如图所示，其横向进给（与主轴轴线成90°角）的距离拉长，因此从上往下看成工字形，所以也称为"工字床"。

车轮车床

顾名思义车轮车床是加工火车车轮的车床。该车床的特征是使工件旋转的主轴箱分布在两侧，由两侧驱动。不过由于一侧的主轴箱将巨大的车轮装在底座上，所以能够左右移动。车轮车床有两组刀架。

9

车床的历史

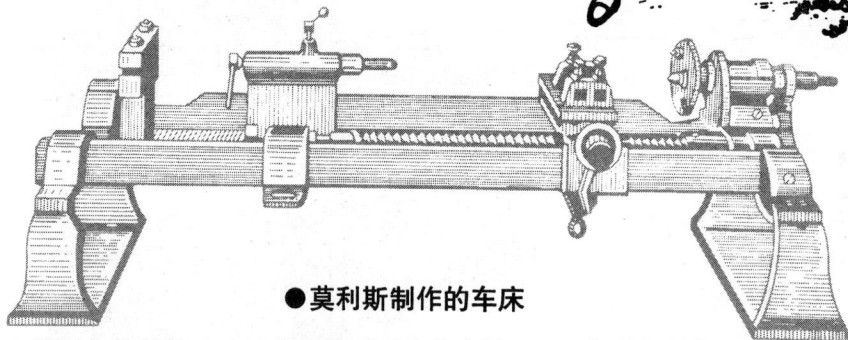

●莫利斯制作的车床

▲英国人莫利斯于 1780 年制作了现代车床的原型。最初的车床刀架是机械进给，兼有进给作用的丝杠也能变直线运动为旋转运动。

莫利斯制作的车床保存在伦敦科学博物馆。在他之前，还有在腋下夹着刀具进行切削的，如右上图所示。

○江户时代引进的车床

▲位于鹿儿岛市的崇古博物馆里有江户时代末期萨摩藩从英国引进的车床，这种车床以水车为动力。

○国产脚踏车床

▲爱知县犬山市的明治村里存有脚踏车床。它是明治 8 年（1875 年）山形县的伊藤嘉平治制作的，该车床带有巨大的惯性轮。

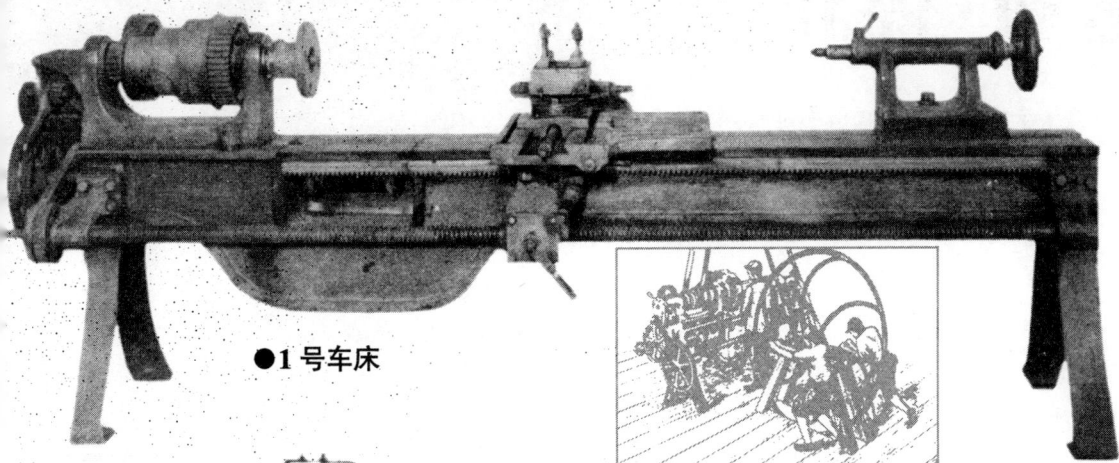
●1号车床

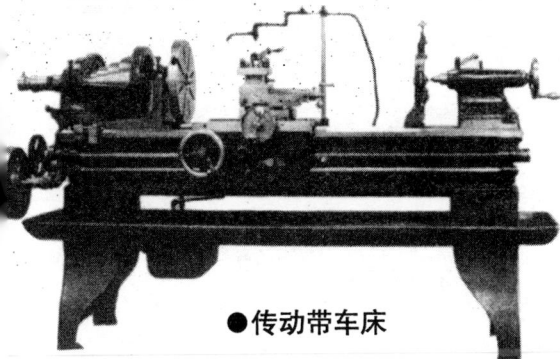

●传动带车床

▲明治 22 年（1889 年），现在的池贝铁工股份有限公司的创始人池贝庄太郎制成了 1 号机床，如上图所示。最初由人力旋转，6 年后改为由蒸汽机产生动力，现在保存在该公司。

◀这种车床是由 1 个电动机通过输出轴、滑轮、传动带将动力传给若干台车床，从而改变了进给速度。切削螺纹时要换交换齿轮。

●直接传动车床

▲这是目前用的车床，每台车床上装着电动机，大多都能用控制杆操作，精度大为提高。

●数控（NC）车床

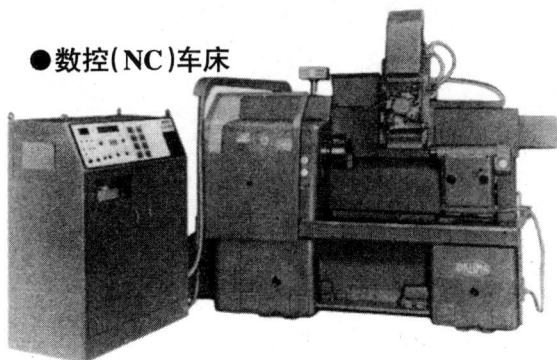

▲这是数控机床，它将切削条件和机械操作数字化，在控制纸带上穿孔，由左侧的数值控制装置完成工作。

起动·停止

车床上的电动机一接通电源就带动车床的主轴旋转，这是很自然的事。给电动机通电的装置有多种，现介绍如下。

▲上图左侧所示的旋钮状态表示对车床供电，信号灯亮。左侧旋钮上方正对的闪电形标识是电源开关，它左边的红圈标识表示停止，右边蓝条是开关处于"ON"状态（开关合上）的标识。右侧旋钮上方是液压泵标识，它的两侧分别是 ON、OFF，电源开关若不合闸泵就不起动。

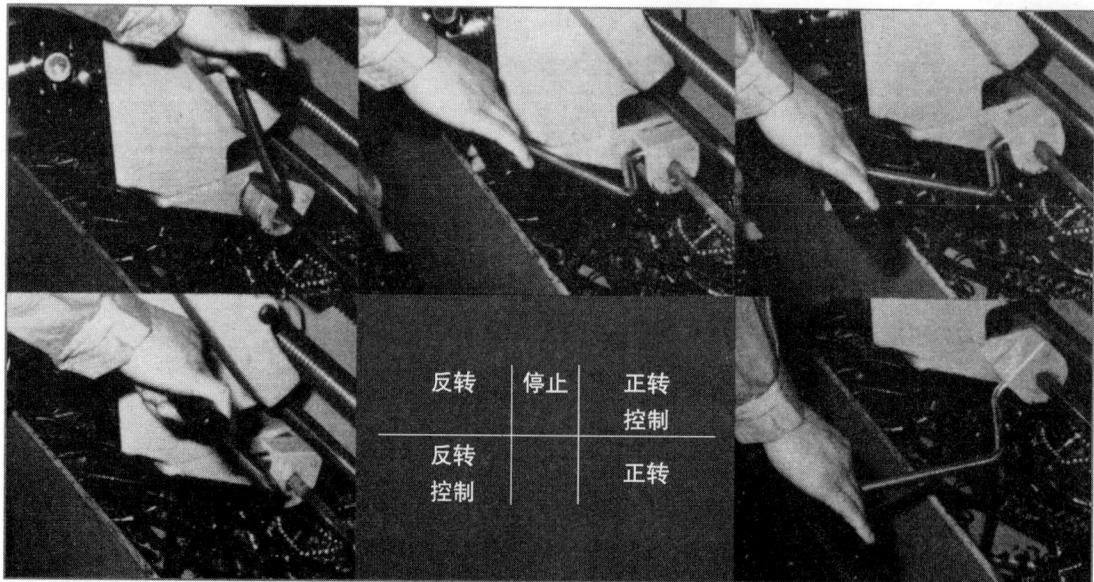

反转	停止	正转
		控制
反转		正转
控制		

▲这是主电动机（向主轴输出动力）控制杆的操作，共有 5 级。中间位置是开关断开（停止转动），向下是正转、缓冲和正转，向上是反转、缓冲和反转。根据车床具体情况该控制杆的操作只有正、反转。还有的安装在主轴箱附近或床鞍右侧。

12

◀这是按钮式开关，按下时通电，电动机转动；手一松开按钮，通过弹簧还原而切断电源。这是定心时使用的开关，也称微动开关。下面的是"主轴微动"标识。

▲如照片所示可根据车床情况将开关排列在主轴箱的上部。①是接通按钮，只在按下时通电。开关右边独立装着信号灯。

▼老式车床装置也有这种开关，可正转和反转。

停止

开关一旦断开，电动机自然停机。但断开开关之后到完全自然停止需要一定的时间，这就需要考虑怎样使车床尽快停下来的问题。

方法之一是使正转杠杆通过停止开关立即进入反转，在正要反转时把杠杆放在停止的位置上。此时电动机虽遭到强制的力而又使耗电量增大，但都可以承受。

方法之二是采用脚踏制动器。车床床腿之间有制动器，有的制动器像汽车那样使用液压装置，脚踏制动器使车床或急促或轻稳地停下来。下面两张照片中上面那张所示是普通脚踏制动器，下面那张所示是液压制动器。

要注意即便没有制动器也不要把手放到卡盘上使其停止转动，那样做是很危险的。

主轴变速操作

车床切削速度的变换是通过改变主轴转速来实现的。普通车床主轴转速的转换是从6级到10级。转换方式虽有若干种，但其原理都是通过操纵倍数变换手柄选择高速旋转或低速旋转，然后操纵主轴速度变换手柄。主轴转速的变换必须在电动机停机之后进行。

▲调节倍数变换手柄后转动主轴速度变换手柄就得到预期转数。手柄通常是竖直向下放置。图示倍数变换手柄的位置若是高速表示主轴转速为243r/min，若是低速则表示主轴转速为77r/min。

▲倍数变换手柄置于前面。+、–和A、B、C、D相配合确定主轴转速，配合时的转速可以由左下表了解。现在状态是–和C，所以转速是160r/min。在+和–的中间有（↑）表示中立，是手动时使用的。

▲倍数变换手柄的控制杆在上面，可以转换成高速、中立、低速。有各种表示方法，如"H·N·L"、"–·↑·+"、"高速·中立·低速"等。倍数变换手柄也有在调节情况下能固定的。

▲倍数变换手柄控制杆调节为高速或低速，最好是把两根控制杆调到预期转速。用倍数变换手柄能变换2级，每只变速控制杆能变换3级，所以能变换2×3×3=18级。

▲此车床通过倍数变换手柄可进行3级变换。N是中间（中立），右边倍数变换手柄遮住的地方是M（中速）。

进给变速操作

进给有纵向（长度方向）进给、横向的机械自动进给和手动进给，车螺纹等场合需要进给变速。第 84 页介绍了螺纹车削，第 16 页上有手动进给的内容，这里主要说明一下自动进给。

首先，螺纹车削以自动进给变换杆为进给方，从进给上选定预期进给量，调整进给变换控制杆和螺纹车削自动进给量选择控制杆，于是就可自动进给。

进给表上所列的自动进给量，是在切削标准米制螺纹时通过交换齿轮所取得的纵向自动进给量。大多数车床纵向进给为螺距的 1/10、横向进给为螺距的

1/30。但有的车床纵向进给可转换为 1/10 和 1/20，或者纵向进给与横向进给都为 1/10。

如将正反转换控制杆定为正转，则在主轴正转时往复工作台向左进给。

| 转换杆 | 米制螺纹、惠氏螺纹 | 进给量转换杆 1~8/8/8 级 | A~D4 级 | 螺纹切削自动进给量选择杆 | 转换杆 | 螺纹切削自动进给 |

長手自動送り量表
主軸1回転当たり mm

	1	2	3	4	5	6	7	8
B·D	0.67	0.59	0.56	0.53	0.50	0.44	0.41	0.38
B·C	0.33	0.30	0.28	0.27	0.24	0.22	0.21	0.19
A·D	0.17	0.15	0.14	0.13	0.12	0.11	0.10	0.09
A·C	0.08	0.07	0.07	0.06	0.06	0.05	0.05	0.04
B·D	0.42	0.47	0.50	0.52	0.56	0.63	0.68	0.73
B·C	0.21	0.23	0.25	0.26	0.28	0.31	0.34	0.36
A·D	0.11	0.12	0.13	0.13	0.14	0.16	0.17	0.18
A·C	0.05	0.06	0.06	0.07	0.07	0.08	0.09	0.09

...中に送り方向および送り変換レバーを操作しないこと。

▲进给量根据车床的不同而有各种差异，都附有各自的进给表。例如根据进给表定进给量为 0.50mm 时，则应将米制螺纹、惠氏螺纹的变换定在 II 表，将进给量选择杆定为 B、D，进给量变换杆定为 3。

▲进给变速有多种，本车床上通过倍数变换手柄控制杆（2 级）、进给速度变换杆（3 级）（见图①）、进给速度群

变换杆（2 级）（见图②）、进给速度变换杆（9 级）（见图③）的配合，能够进行多种变速。

床鞍·中滑板操作

纵向（长度方向）运动的床鞍（往复工作台）横跨于底盘之上。床鞍上做横向（前后）运动的中滑板，其上还有带回转工作台的小滑板（进给刀架）。

▲床鞍（纵向进给）手柄装在右边的车床

纵横进给转换杆

床鞍（往复工作台）固定螺栓

中滑板（横向进给）手柄

床鞍（纵向进给）手柄

开合螺母手柄控制杆

① ②

② ①

进给控制杆

起动手柄

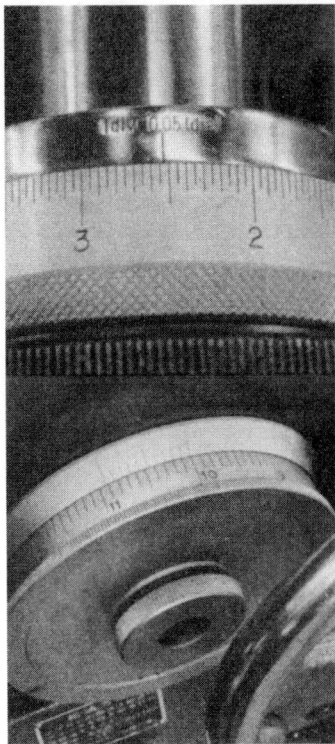

◀▶床鞍（纵向进给）手柄、中滑板（横向进给）手柄在微动轴环上带有刻度，可以进行微调。对于不同车床，刻度标记方法有所不同。

大多数如左图这种刻度，也有如左下图所示像游标卡尺那样带卡尺刻度的或右图所示那种带游标的，还有将上面刻度转1周，由于联动，下面刻度也是微动的，以及右下图所示那种辅以微小刻度的。

横向进给有读取直径移动量的，也有读取半径移动量的。

机械自动进给而非手动时手柄搁置不用。

▲纵向进给、横向进给靠操纵控制杆来实现。该控制杆

有左图所示的类型和右图所示的类型。

▲如仅是横向进给的切断、端面切削要把往复工作台固定在底座上。

刀架操作

松紧

刀架固定控制杆

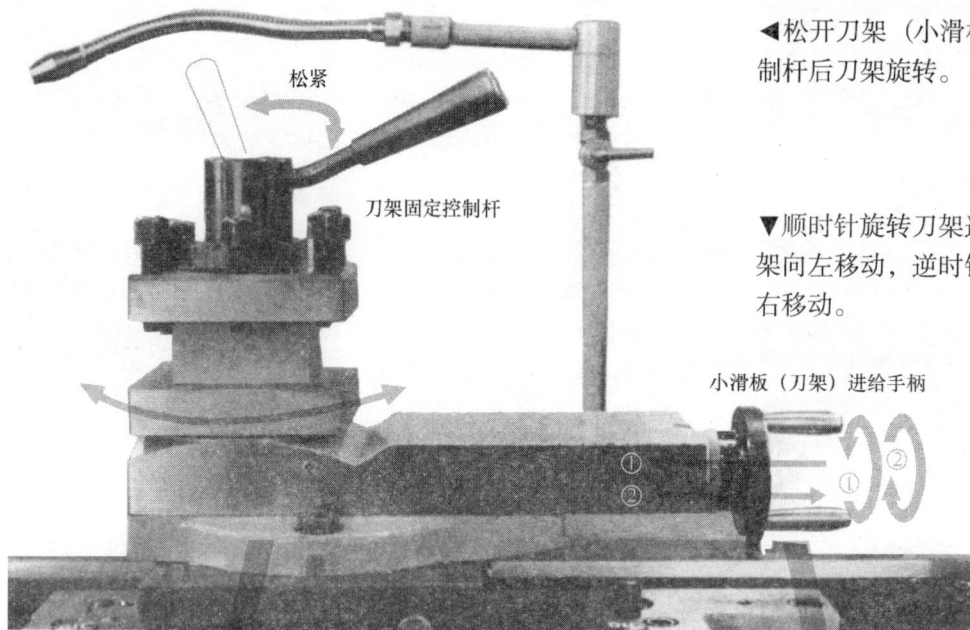

◀松开刀架（小滑板）固定控制杆后刀架旋转。

▼顺时针旋转刀架进给手柄刀架向左移动，逆时针旋转则向右移动。

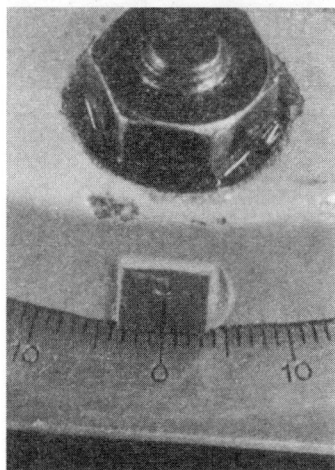

小滑板（刀架）进给手柄

①
②

①
②

▲这是将刀架倾斜（使之旋转），用于切削锥体时的标度，每个刻度是1°。

▲进行切断、端面切削的强力切削时可使用小滑板（固定刀架）的控制杆。也有的车床不带。

▲通过刻度盘可以看出刀架的进给量。转1周4mm左右，每个刻度的尺寸各不相同。

18

尾座操作

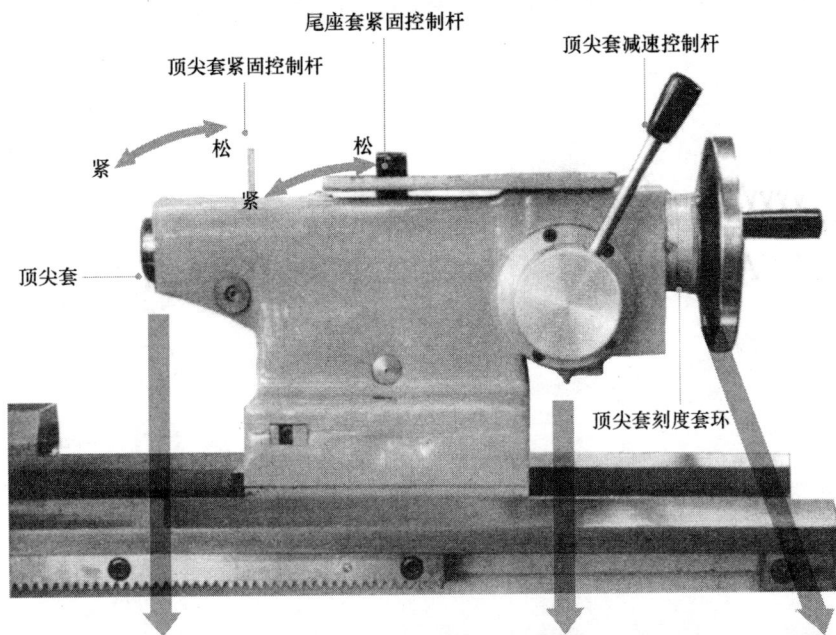

顶尖套紧固控制杆
尾座套紧固控制杆
顶尖套减速控制杆
紧　松　松　紧
顶尖套
顶尖套刻度套环

尾座在主轴箱的对面，用于通过顶尖支承工件另一端。也可把刀具固定在顶尖套上。

尾座在底座上滑移，在适当的地方下由尾座套紧固控制杆固定在底座上。转动尾座圆手柄取出、放进顶尖套，由顶尖套紧固控制杆加以固定。在强力切削的情况下，当尾座承受巨大的力时需要牢牢固定，为此有的车床还带有紧固螺栓。

▲有的将刻度线放在尾座套筒上。

▲顶尖套的进出靠减速控制杆控制，操作很简单。上图所示减速为1/4，下图所示减速为1/5。

▲顶尖套的进出由刻度套环控制，转1周可移动5mm、4mm或2mm等。

19

操作标志

轴的转向		松开（卡盘松开）	
每分钟转数（主轴转速）	/min	手动	
每转1转的进给量	mm/○	起动、合上开关	I
每分钟进给量	mm/min	停止、切断开关	O
普通进给		用同一按钮起动、停止	①
纵向进给		按住按钮时合上开关	T
横向进给		中立	
增速	+	对开螺母松开	
减速	−	对开螺母锁紧	
螺纹切削		危险（电）	
切削速度（外圆切削）	m/min	注意	!
车床主轴		注油（润滑剂）	X
圆锥摩擦离合器		刻度	
切削液泵		螺纹 螺距	mm
无极控制（速度、压力等）		螺纹 英寸	1″
紧固夹紧（卡盘夹紧）		螺纹 模数	/π

20

常用工具

●各种车刀和量具

车床上使用最多的工具是车刀，此外还有钻头、丝锥、板牙、铰刀等。这些工具既有直接装在车床上使用的，也有必须安装在夹具上使用的。

每种工具都有其特性，只有灵活掌握和运用其特性才能提高加工效率。例如在进行孔加工时可用镗刀，也可用钻头，必须考虑使用哪种更为有效。

下面将介绍常用刀具、车床加工所需量具以及用于装夹工件的夹具。

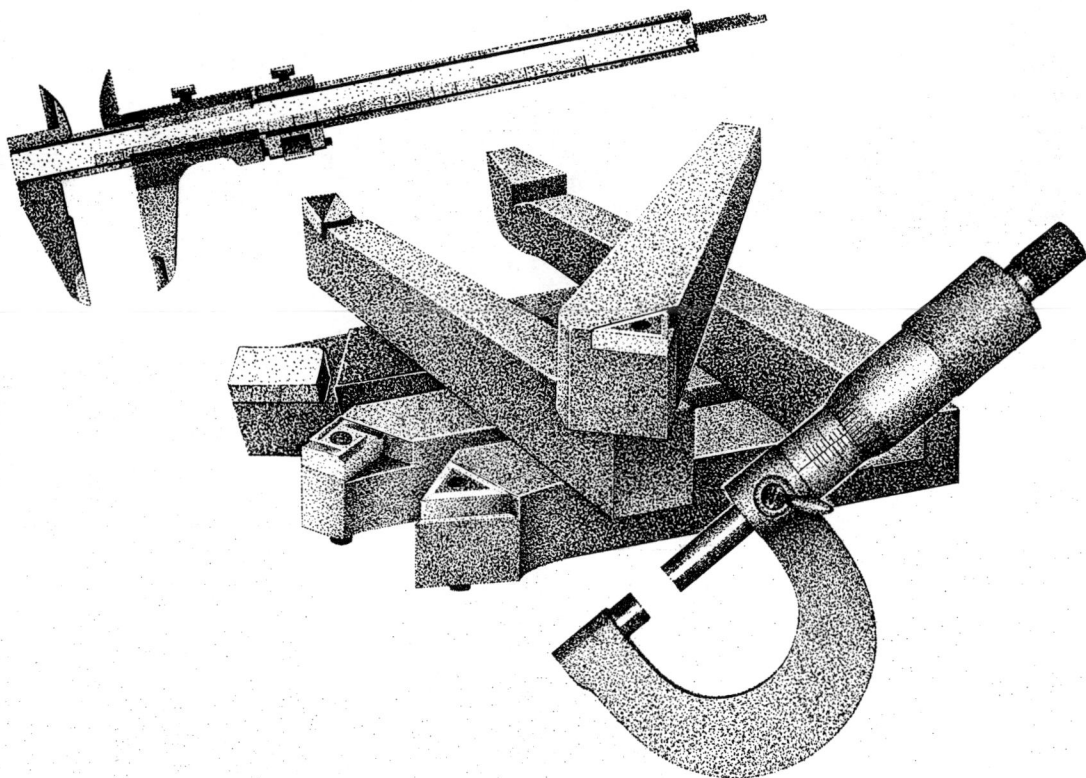

各种车刀和量具

根据形状进行分类

	形状	JIS 型号	用途
尖刀尖		硬质合金：35型 高速钢：10型	外圆切削
圆刀尖		硬质合金：36型 高速钢：11型	外圆切削
斜刀尖		硬质合金：31型(右切) 32型(左切) 高速钢：12型R(右切) 12型L(左切)	外圆切削
平刀尖		高速钢：21型 (无硬质合金规格)	端面切削

● 尖头车刀

● 单刃车刀		硬质合金：33型(右切) 34型(左切) 高速钢：13型R(右切) 13型L(左切)	端面切削 外圆切削

尖角		硬质合金：37型(右切) 38型(左切) 高速钢：15型R(右切) 15型L(左切)	台阶部
弯头圆角		硬质合金：39型(右切) 40型(左切) 高速钢：16型R(右切) 16型L(左切)	台阶部
端面横切		高速钢：14型R(右切) 14型L(左切) (无硬质合金规格)	端面切削
方头弯刀		硬质合金：41型(右切) 42型(左切) (无高速钢规格)	端面切削 外圆切削

● 弯头车刀

加工中则多以形状(如尖刀尖、圆刀尖)命名。下面从形状、功能、用途等方面介绍主要的车刀。

<table>
<tr><td></td><td></td><td>形状</td><td>JIS 型号</td><td>用途</td></tr>
</table>

根据功能和用途进行分类

● 切断刀 ——

硬质合金: 43型
高速钢: 31型

┌ 切断
└ 车槽

纵向切断 ——

┌ 纵向切断
└ 端面车槽

└ 弹性切断 ——

高速钢: 32型
33型
(无硬质合金规格)

┌ 切断
└ 车槽

弹性切断 ——

● 弹性车刀 —— 精加工弹性加工

高速钢: 23型
(无硬质合金规格)

外圆加工

└ 弹性螺纹切削 ——

高速钢: 53型
(无硬质合金规格)

螺纹加工

弹性螺纹切削 ——

● 螺纹车刀 —— 外螺纹切削 ——

硬质合金: 49型
高速钢: 51型

车外螺纹

└ 内螺纹切削 ——

硬质合金: 51型
高速钢: 52型

车内螺纹

● 成形车刀 ——

● 内孔车刀 ——

硬质合金: 45型、46型、47型
高速钢: 41型、42型、43型

扩孔

钻头

在车床上进行孔加工时通常是用钻头钻孔。钻头分为锥柄钻头和直柄钻头。

直柄钻头承受切削阻力的能力比锥柄钻头小，所以直柄钻头只有小直径钻头，JIS中规格在13mm（直径）以下，锥柄钻头规格在75mm（直径）以下。

钻头的顶角通常为118°。根据工件适当改变顶角可提高切削性能。钻削铸铁和钢时以118°为宜，钻削铝、合金钢、不锈钢时要采用130°，钻削酚醛树脂和硬质橡胶时则用80°。

加工人员使用钻头时可以改变的角度有顶角和横刃斜角。横刃斜角可根据工件研磨条件而改变。

中心钻是钻头的一种。使用车床尾座顶尖的作业中顶尖必须开中心孔，中心钻就是用来钻中心孔的钻头。中心孔为60°，与中心钻一致，如若钻大直径的中心孔，则使用75°或90°等角度的中心钻。

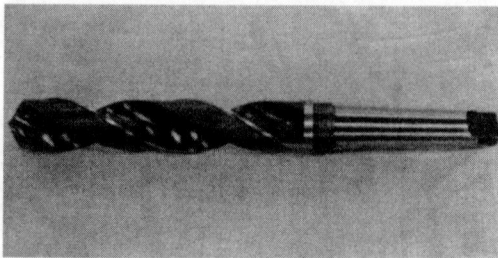

▲锥柄钻头

▲直柄钻头

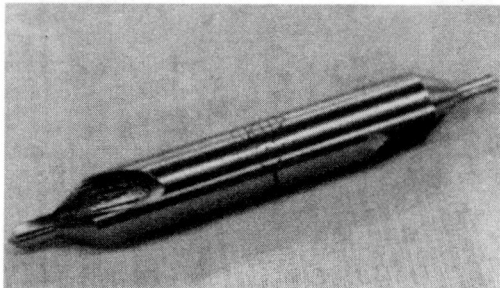

▲中心钻

套筒

钻孔时把钻头安装在车床的刀架上。如果钻头的柄与刀架的孔不吻合，则要使用钻夹头，并将其安装在车床上。直柄的钻头可直接装夹在钻夹头上；锥柄的钻头则要用套筒插进刀架的锥形孔里，如果钻头的锥度与刀架锥度相吻合，则可以直接插入。

铰刀

铰刀用于控制中心孔的尺寸，并可提高加工面质量。铰刀有多种样式，绝大部分是直刃，铰刀刀柄与钻头一样，可分为锥形和直形。

铰刀通过尖端的切削部分进行切削，用刃带压紧修整加工面，其切削量极小。

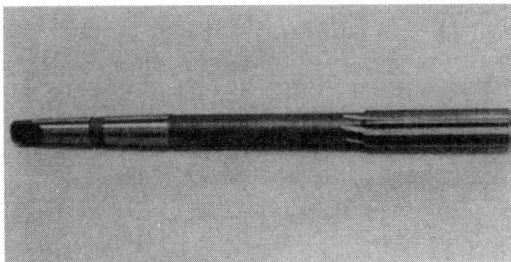

▲铰刀安装锥柄

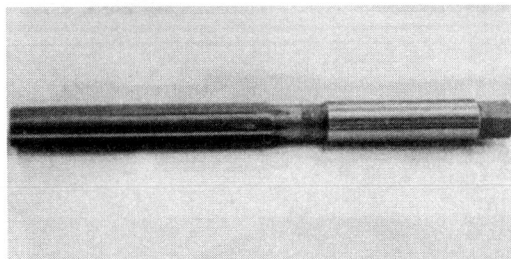

▲铰刀安装直柄

丝锥

丝锥是用于对钻头等所加工的中心孔切削内螺纹的工具。丝锥也有多种，最常用的是"手用丝锥"。螺纹是用车刀切削的，但是直径很小的内螺纹用车刀切削很困难，所以可改用丝锥。

丝锥依据其切削部分长度的不同可分为

3种，即头攻丝锥、二攻丝锥、三攻丝锥，它们构成1组，其切削部分依次缩短。丝锥有用于切削米制螺纹的和用于切削寸制螺纹的。

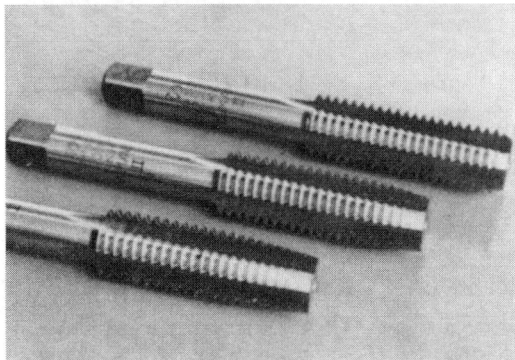

▲从左到右依次为头攻丝锥、二攻丝锥、三攻丝锥

板牙

板牙是用于切削外螺纹的工具。它虽然主要用于手工作业，但有时也用夹具安装在车床上使用。

板牙也分为米制螺纹切削用和寸制螺纹切削用。JIS中规定米制普通螺纹从M1到M42，寸制普通螺纹从1/4-20UNC到$1\frac{1}{2}$-6UNC。

▲板牙（直径可变调整型）外侧切削部分

千分尺

千分尺是机械加工必需的量具。它靠主体上的螺纹和测微螺杆的螺纹工作,测微螺杆一面转动一面伸缩,可在固定测砧之间测量被测量件。

测微螺杆旋转1周前进1个螺距,如果螺距为0.5mm,测量范围便为25mm,经常使用分度值为0.01mm的千分尺。此外还有分度值为0.001mm的千分尺。

千分尺分为外径用、内径用、螺纹用、深度用等。此外根据使用目的的不同还可分为多种。测量范围从测微螺杆螺纹开始,以25mm为单位,为0~25mm、25~50mm、125~150mm。还有便于临界测量的带表杠杆千分尺、数显千分尺等。

要使用既对准"0"点,测量面的平面度、平行度又是良好的千分尺。如果在切削过程中需要测量,则应在车床暂停之后进行。

外径测量、内径测量时都应使测微螺杆和测砧轴线与被测量物的轴线成直角,测量直径最大的地方。

要让刻度方便读取,若是眼睛的方向不对,就很容易读错0.02mm。

外径千分尺

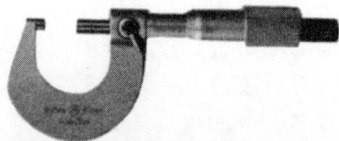

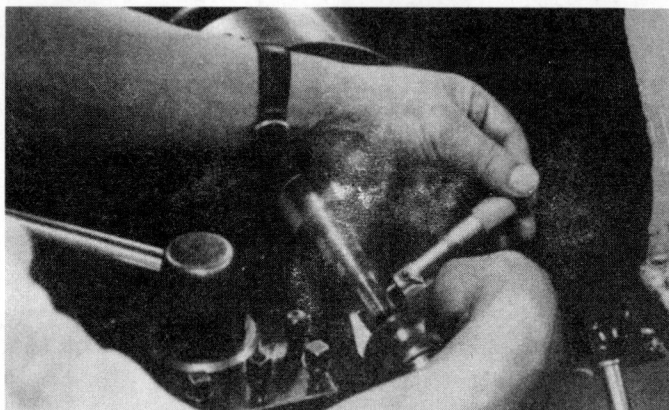

两点内径千分尺

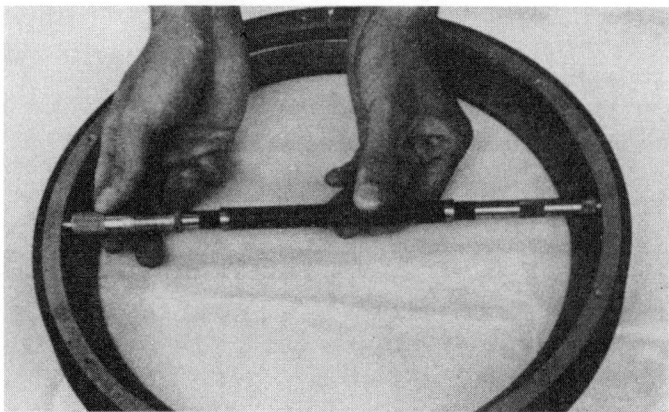

螺纹测量

▲如图所示是用于测量螺纹中径的千分尺。测砧上有 V 形槽，测杆是圆锥形的。

卡尺形内径千分尺

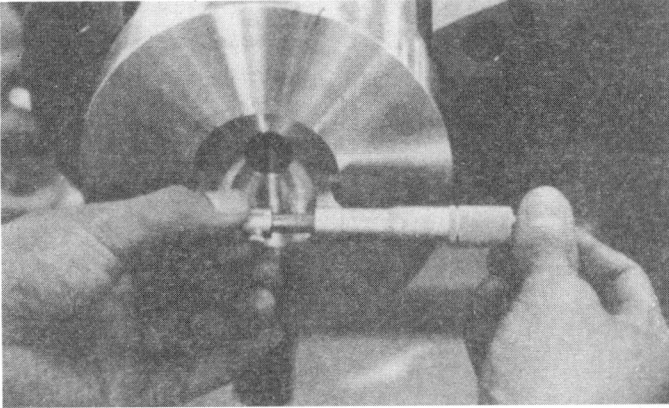

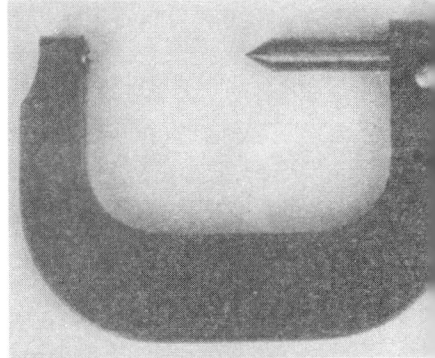

深度千分尺

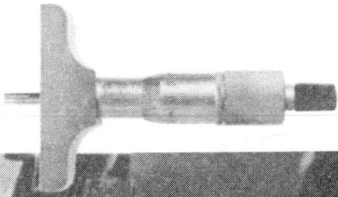

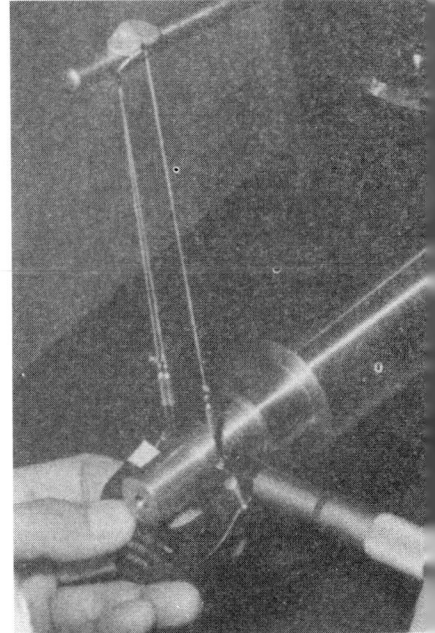

▲用三针测量法测量螺纹的中径。使用外径千分尺或齿厚千分尺。

指示表

指示表是通过齿轮扩大测头的活动使指针转动，根据指针的移动量来测量尺寸。

这种指示表不像游标卡尺及千分尺那样能直接读取测量的长度，而是要与其他基准进行比较来获得测量结果。

指示表可分为测头上下移动的直线式和测头以支点为中心转动的杠杆式。它们的分度值多是 0.01mm，也有

0.002mm 和 0.001mm 的。

下面的指示表，左侧的长针在刻度盘上转 1 周是 1mm，也就是说刻度盘 1 个刻度是 0.01mm，进行 100 等分。带短针刻度盘的能测 10mm 的测头移动。

杠杆指示表有纵型（T型）、横型（Y型）和垂直型（S型）三种，从其刻度盘便可看出。

指示表读其刻度之间的数值没有意义，例如最小分度值为 0.01mm 的指示表不要去测量 0.003mm，要测量 0.003mm 时应使用分度值为 0.001mm 的指示表。

必须注意指示表的指针右转为正（+）、左转为负（-）；还有的带犄角状"临界指针"，拨动它能指示公差范围。

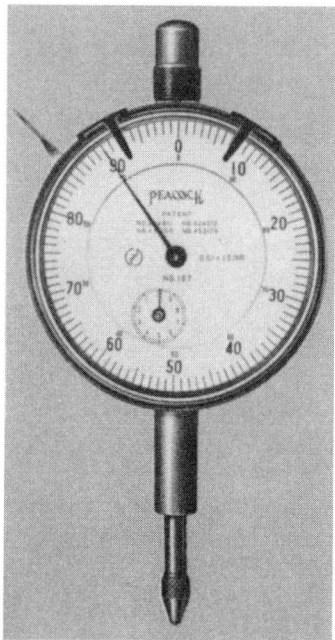

▲这是普通的指示表，测头上下活动。

▲这是杠杆指示表的纵型（T型），它在与刻度盘垂直的前后方向测量。

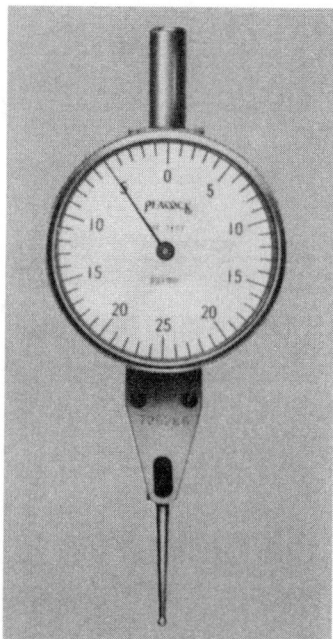

▲这是杠杆指示表的横型（Y型），它在与刻度盘平行的左右方向测量。

在车床作业中使用指示表时绝大多数是在指示表架上用套筒和凸耳安装使用。

测头的前端一般是球状，不过可随测量部位的不同分别使用不同形状的测头。指示表的使用范围是很广的。

刻度盘自由转动，要把刻度盘的"0"调整到容易看到的位置。

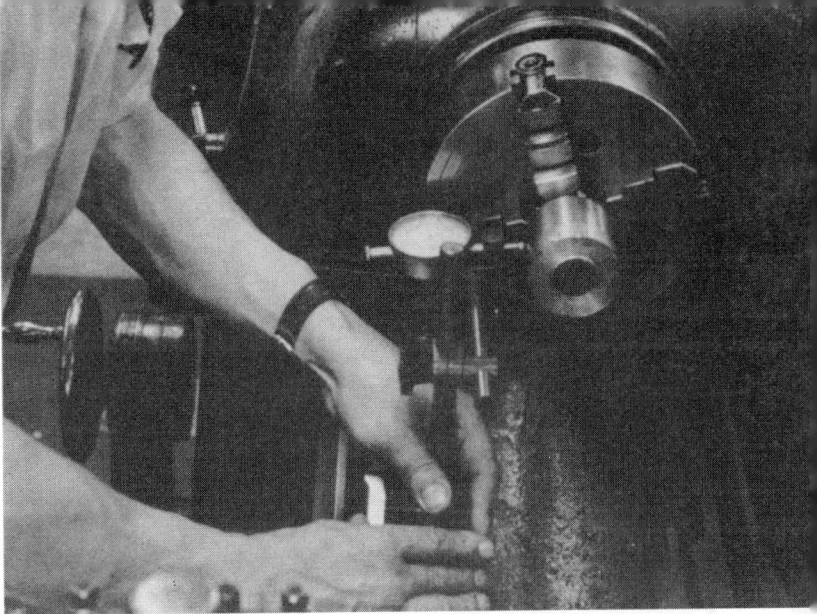

▲车床上使用支架的指示表示例

▲这是杠杆指示表的垂直型（S型），可从其上面读取刻度。

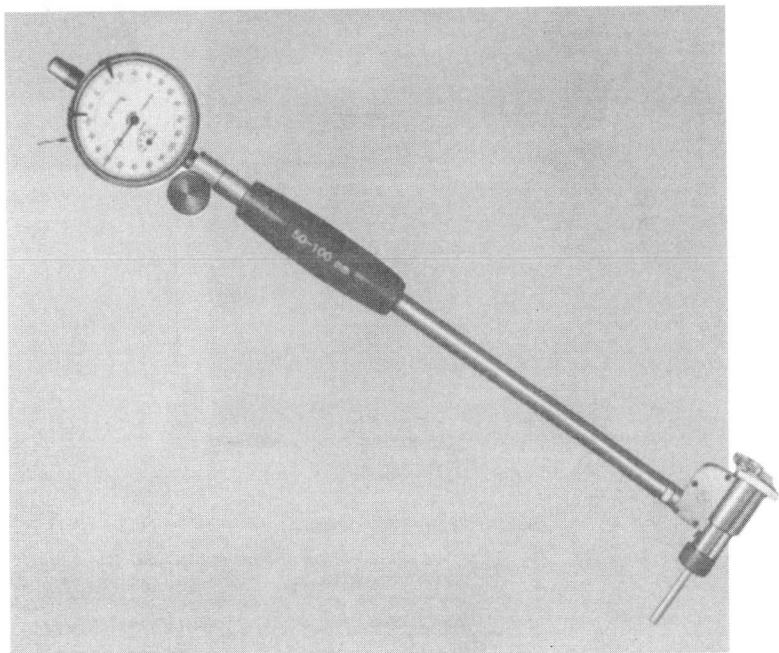

▲用指示表来测量孔径是不合适的，测量孔径要用内径千分尺。内径千分尺的原理与指示表一样，适于测量内径，能更换测头。

29

游标卡尺

游标卡尺是用卡尺边缘和游标的测量面夹住被测量物，以卡尺和游标的刻度相配合来测量长度。

在 JIS 中规定游标卡尺的种类有 M1 型、M2 型、CM 型、CB 型。此外还有专门用于测量齿轮、深度、圆孔间隔的。

分度值为 0.05mm 和 0.02mm。测量长度在 300mm 以下的 M 型带有深度杆，可用于测量孔深。

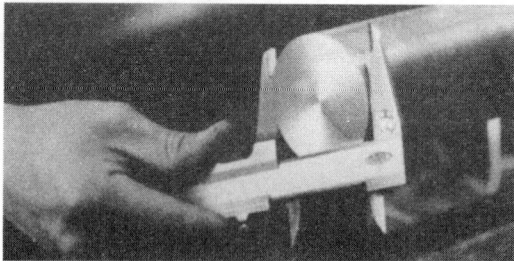

▲将游标卡尺夹在测量件的端面上进行测量

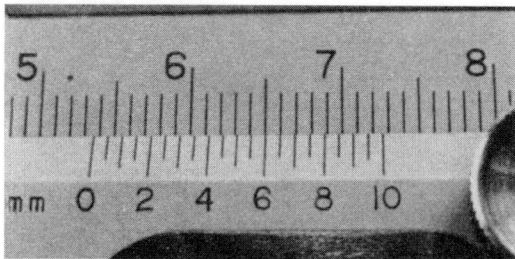

▲主尺读数为 53mm，游标读数为 0.60mm，最终读数为 53.60mm

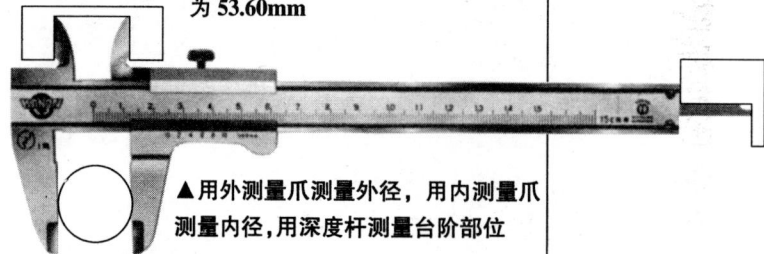

▲用外测量爪测量外径，用内测量爪测量内径，用深度杆测量台阶部位

刻度尺

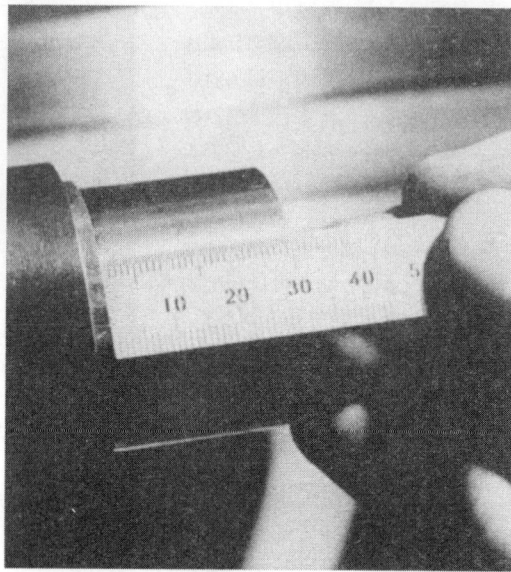

▲使用刻度尺测量台阶部位

车床作业所用的刻度尺是钢制的，通常用 150mm、300mm 的。使用时或直接接触测量物，或配合卡规立在尺台上测量长度。分度值通常是 1mm 和 0.5mm，在刻度线间隔处能读到更小的长度。

刻度尺可分为直尺和卷尺。

卡钳

卡钳有外侧用的外卡钳（圆卡钳）和内侧用的内卡钳（孔卡钳）。此外还有用于划线的单边卡钳。卡钳的种类有编组卡钳、带刻度卡钳、可微调卡钳等。

使用卡钳可把长度移植到刻度尺上或者反向移植。使用卡钳进行测量时，技能的熟巧程度非常重要，熟练者能读取到 0.01mm。

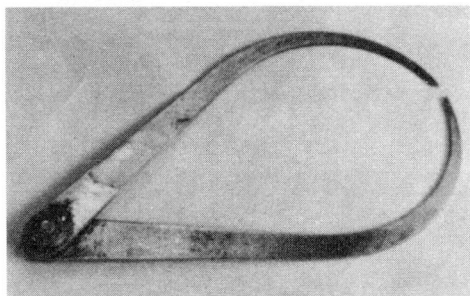

◀ 外卡钳

▶ 内卡钳

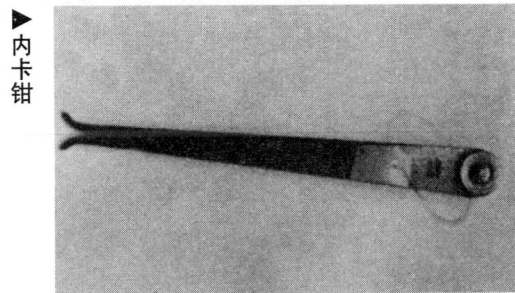

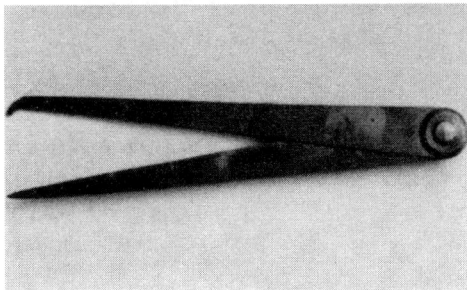

◀ 单边卡钳

塞规

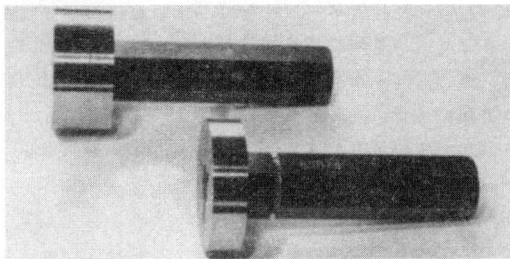

▲ 圆柱形（单头）

塞规是孔径测量中常用的工具。

根据孔径的不同有各种形状和各种大小的塞规，如有圆柱形（双头形和单头形）、扁平形等，扁平形用于测量大直径的孔。

▲ 圆柱形（双头）

塞规由止端和通端两者构成一组。加工成的孔通端能塞入，止端不能塞入，通端的宽度比止端大，一看就能看出来。

▲ 扁平形

卡盘

卡盘是机床上用来夹紧工件的机械装置。一般在作业现场大多使用自定心卡盘和单动卡盘。也有二爪或六爪的卡盘，但是数量比较少。卡盘的结构形式有多种，下面分别介绍。

●单动卡盘

单动卡盘是有四个卡爪的卡盘，在机床中使用较多。它的4个卡爪可各自活动，所以除圆件以外的工件都能卡紧，但对圆件的定心比联动卡盘要困难得多。单动卡盘是分动式卡盘，能强有力地卡紧工件，很适合强力切削或用于卡紧重量大的工件。该种卡盘有不同型号，JIS中规定从6号（外径为150mm）到24号（外径为600mm），每2号为一级，如6号、8号、10号等，每一级外径相差50mm。

●自定心卡盘

自定心卡盘也称联动卡盘，在卡盘中占大多数。用卡盘扳手转动一处螺纹孔，3个卡爪就同时同长度移动，因此只要安装上工件卡盘便自动定心，非常便利。不过卡紧力要比单动卡盘弱，并且如有1个卡爪受到磨损就难于正确定心了。

卡爪有内卡爪和外卡爪，要按照工件的直径使用。自定心卡盘的代号在JIS中规定为3~12号。使用3号卡盘卡住圆棒时其内卡爪为15mm、外卡爪为60mm；使用12号时内卡爪为85mm、外卡爪为235mm。

单动卡盘和自定心卡盘

▲自定心卡盘

▲分动形单动卡盘

▲自定心卡盘的结构：转动螺纹孔时小齿轮就旋转（见图①），使啮合的蜗轮转动（见图②），蜗轮上切有螺旋槽，使与该槽啮合的卡爪座前后移动（见图③）。其结构是转动1个手柄孔卡爪就会前后移动了。

顶爪④

卡爪座③

小齿轮①

蜗轮②

其主体通常都是灰铸铁，卡爪使用淬火铬钢。由于用淬火的硬卡爪卡紧精加工的面会给该面带来伤痕，在这种情况下则改用未淬火卡爪的自定心卡盘。未淬火卡爪的自定心卡盘其卡爪是由切削未淬火的钢制成。这种自定心卡盘可以自由配合工件的形状、尺寸，且修正切削很方便。

▲复式卡盘

●复式卡盘

复式卡盘具有分动式和联动式双重功能，既能使卡爪一个个单独运动，又能使全部卡爪同步同量移动。

工件的形状是不规则的，在某种工件加工数量大的情况下，可使每个卡爪适应加工形状，经调整好之后由于联动，用一处的扳手操作就能简单定心。

●弹簧筒夹

弹簧筒夹用于工件直径小而加工数量多的场合，其操作简单，容易定心。弹簧筒夹有推出型（通过推出卡盘而卡紧）、拉入型（将拉入杆插进位于卡盘后方的螺纹部向后拉而卡紧）、静止型（使用紧固轮）。

●电磁吸盘

电磁吸盘用于薄板表面加工，分为应用电磁铁的电磁卡盘和使用永久磁铁的永磁卡盘。二者的作用都是吸附住工件。

●空心卡盘

把工件放入圆筒中，在用 6~8 根螺栓紧固的同时进行定心。这种卡盘用于卡紧形状不规则的工件。其安装麻烦，而且保持力又弱，所以除特殊场合几乎不使用。

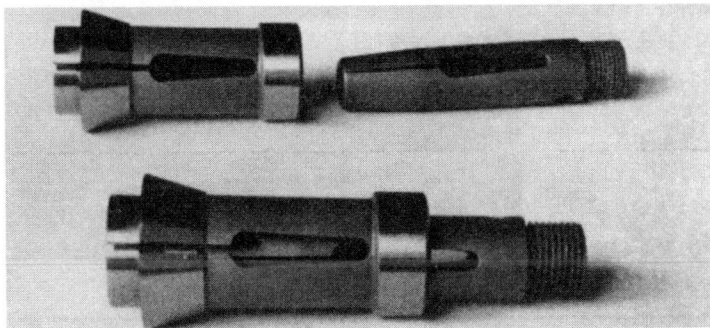

▲弹簧筒夹

▲永磁卡盘

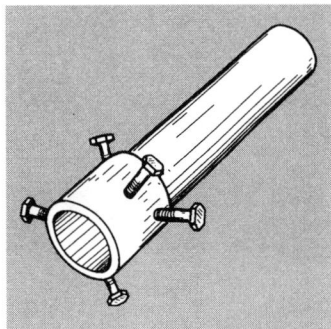

▲空心卡盘

顶尖

　　对工件进行切削，是在工件端面开出中心孔，将顶尖的尖部放入该孔，一面支承着工件一面进行切削加工。此时所用顶尖其端部为圆锥形，角度是60°。在工件体积或重量大的场合，也用75°或90°的角度。

　　使用顶尖有两种情况，一种是用于主轴和尾座，另一种是主轴夹在卡盘上仅仅尾座方面使用顶尖。附在主轴上的称为旋转顶尖（活顶尖），附在尾座上的称为静止顶尖（死顶尖）。

　　顶尖有多种形状：①最常用的普通顶尖；②轻度旋转的旋转顶尖；③将普通顶尖削去一半而成的半缺顶尖；④为适应尖端尖的工件而使用顶尖呈凹形的反顶尖；⑤用于管状工件（管子等）的活顶尖（伞顶尖）。

　　这些顶尖并不随工件旋转，只有旋转顶尖其端部与工件一起旋转。

　　顶尖的尖端摩损强烈，所以要淬火，不过近年来顶尖的尖端已多用硬质合金了。

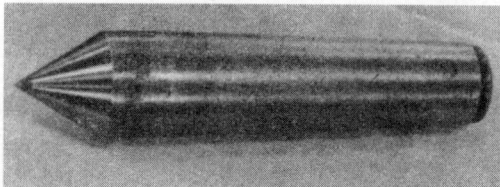

▲普通顶尖

▲旋转顶尖（活顶尖）

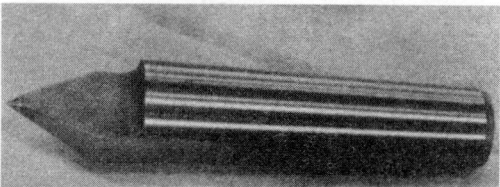

▲半缺顶尖

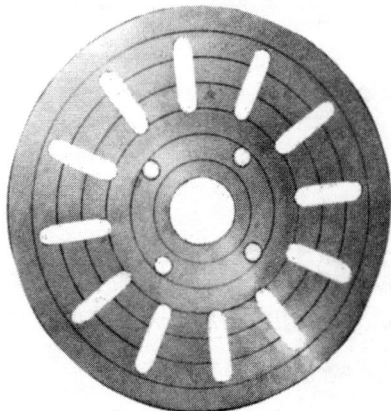

端面板

　　端面板也称封头、花盘，它安装在车床主轴端上，用于安装大的工件和形状复杂又不能使用卡盘、顶尖安装的工件。其形状类似于拨盘，比拨盘大，在放射线形状上带着孔和T形槽，工件或直接安装其上，或使用角铁安装（见第116页）。

角铁

角铁也称角形平板、角板、L形平板。用螺栓将工件安装在槽孔上。车床作业中角铁安装在端面板上使用。角铁的大小以其面的宽度和长度表示。

鸡心卡头

鸡心卡头用于两顶尖作业。放置鸡心卡头的孔部用螺栓紧固，通过拨盘传导主轴的旋转。鸡心卡头有直尾鸡心卡头、曲尾鸡心卡头、二螺栓鸡心卡头、型套鸡心卡头等，根据工件的大小和拨盘的种类加以使用。

拨盘

拨盘与鸡心卡头一起用于两顶尖作业。把鸡心卡头顶到拨盘的两个突起部位，使鸡心卡头旋转。

拧进主轴端或旋到凸缘进行安装，通过鸡心卡头将主轴的旋转传达给工件。

也有切槽的和嵌入圆棒的拨盘（见第48页）。

心轴

对工件进行了部分加工，在其余部分也还必须加工的情况下，普通车床是用卡盘卡紧工件或用顶尖支承工件进行加工的，但是往往仅用卡盘和顶尖不能把工件卡得很紧，在这种场合就要使用心轴。另外为节省用卡盘进行定心的时间，可以根据工件形状首先加工孔和端面，然后加工外圆，这时也有使用心轴的。

心轴种类很多，是根据加工形状、大小等选用。

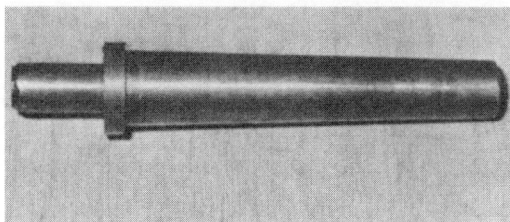

▲一根棒上带有轴环，轴环两侧分别是圆锥体。右侧圆锥插在主轴孔里，左侧是小圆锥。

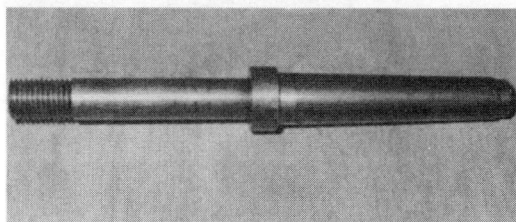

▲一支杆的一端切有螺纹，通过该螺纹和螺母紧固。

▲利用筒夹的闭式心轴

▲开式心轴

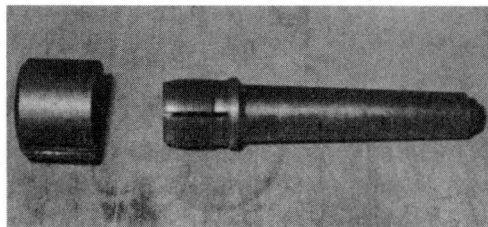

▲闭式心轴

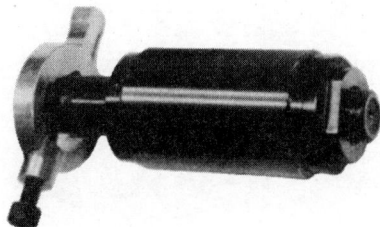

▲车削螺纹用心轴

36

装夹方法

● 卡盘与定心

在车床开始切削工件之前，有各种准备工作要做，如调整切削侧的车刀，被切削侧的工件定心，卡盘类夹具的安排、拆卸等。

把这些事情都做好了才能开始真正的切削，这是一个必经的阶段。下面对这一阶段进行全面阐述。

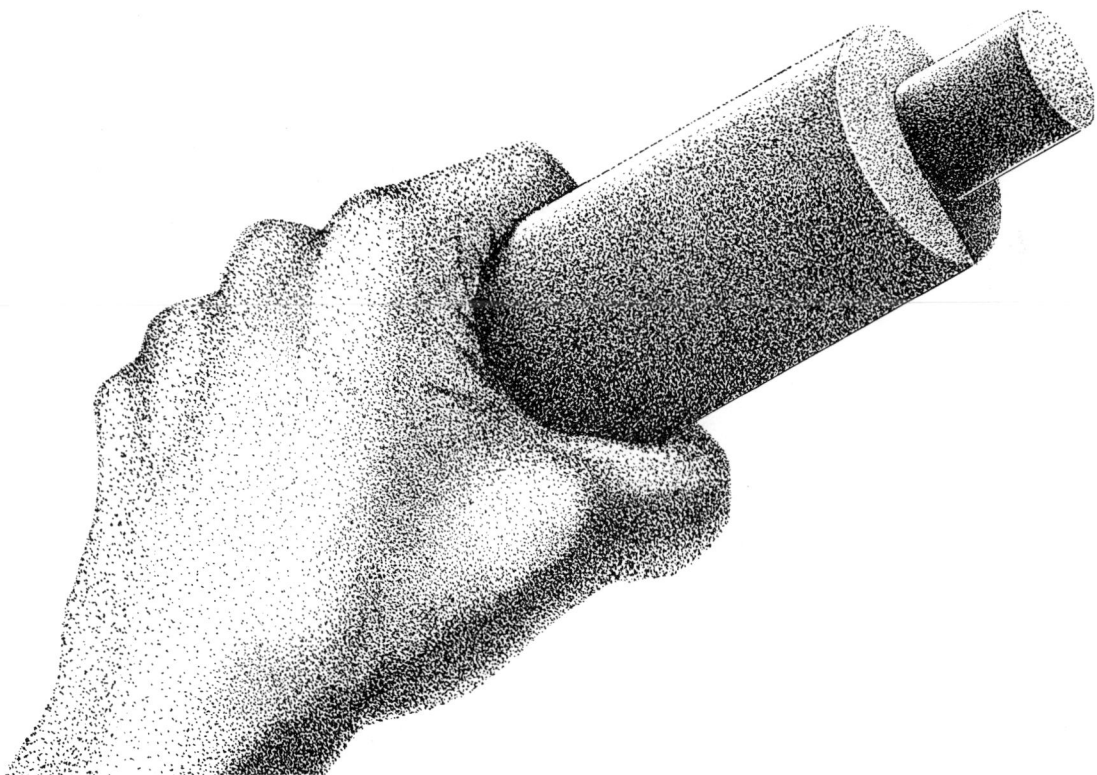

卡盘的装卸

不要说"卡盘是车床的一部分"。车床有许多使用方法，应该认为安装使用卡盘是车床的用法之一。现在来看一下卡盘的安装和拆卸方法。

卡盘安装在车床的主轴上。车床主轴端的形状各有不同，最新销售的车床其主轴端大多采取上图那种形状。

该主轴端上面开了若干个孔，全是螺孔，用螺栓把卡盘紧固在该螺孔上。所以主轴端螺孔要适合卡盘的种类、大小所规定的位置。

内侧突出的部分为短圆锥体，它与卡盘侧的圆锥孔吻合相嵌，以进行卡盘定心。

● 装卸的顺序

① 首先把主轴端清理干净。

② 底座上面放置木板，以便底座不受损伤。卡盘在底座的木板上面，清扫干净与主轴嵌合的锥孔。

③ 立起卡盘，双手使劲拿住，并嵌入主轴端。

④ 放进螺栓，用内六角板手按 1→3→2→4 的顺序轻轻地轮流拧紧。

⑤ 最后放慢变速齿轮，按顺序用力紧固螺栓，结束。

拆卸是把上述过程倒过来进行。

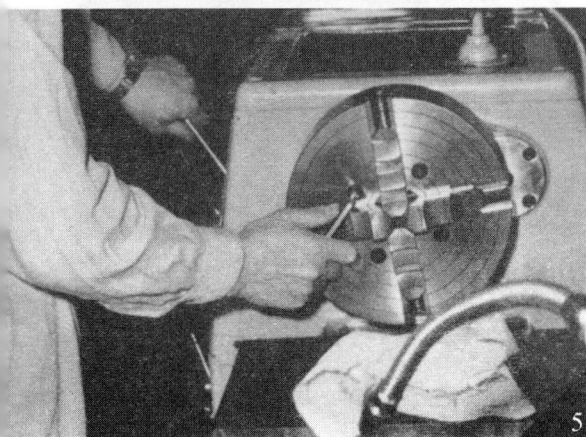

主轴端的形状在 JIS 中还规定有凸轮锁紧式和锥形键式。

有许多车床主轴端是螺纹式的，JIS 中没有规定，但仍在使用。不过螺纹式反转强力切削、骤停、反转时卡盘有脱落的危险，所以新车床几乎都不采用了。

▲锥形键式

▲螺纹式

39

单动卡盘的定心

1 首先用外卡钳、游标卡尺及刻度尺等进行测量。

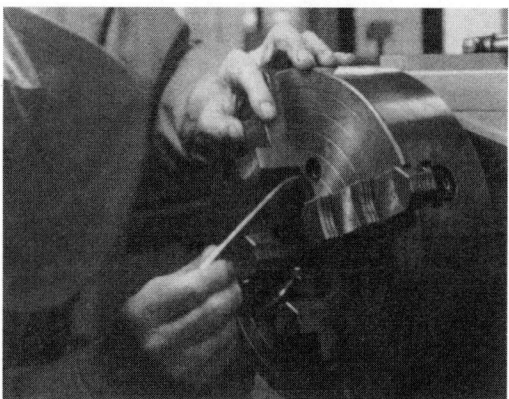

3 松开卡爪后要将卡爪内侧清扫干净。如果此处有夹在卡爪和材料之间的脏土，紧固就不可靠。

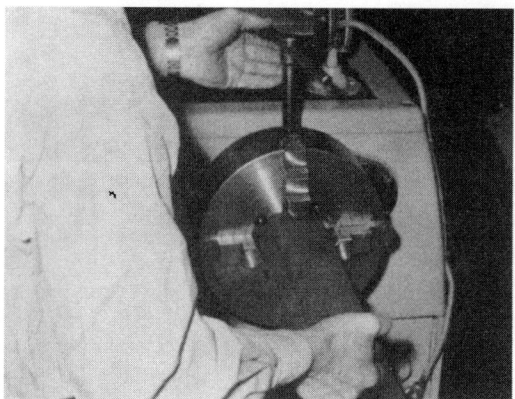

2 用外卡钳测得材料尺寸后，以卡盘面上的同心圆为基准预估卡爪打开的位置，将4个卡爪打开到该位置。卡爪与同心圆的协调无需考虑卡爪外侧，同心圆和卡爪某处的线接近了即是正确的。

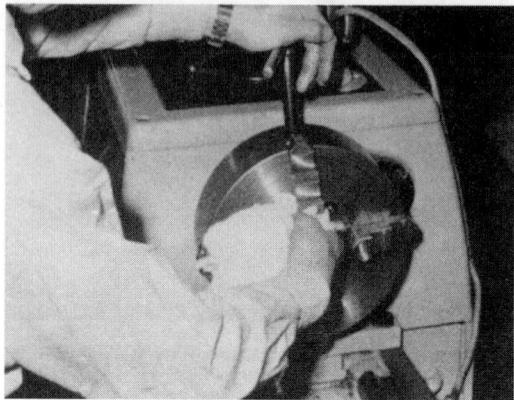

4 把工件装在打开的卡爪之间，右手支承工件，左手扳动卡盘扳手卡紧上面的卡爪。此时如果工件固定，则旁边的卡爪就能可靠地夹住了。

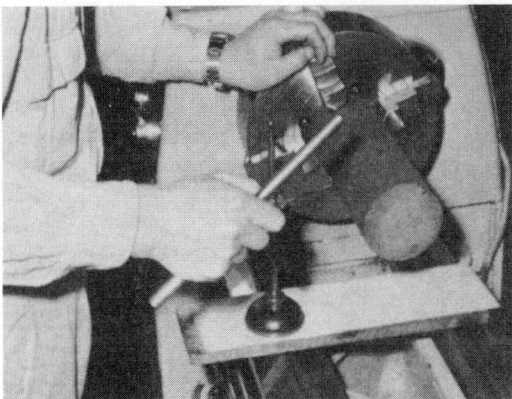

5 然后是定心。把定心用的平面规（划线盘）放在工件伸出部分的大致中央处，这时在下面垫上白纸，以便容易看到平面规和工件之间的空隙。如果能准备涂上白涂料的板那就更理想了。

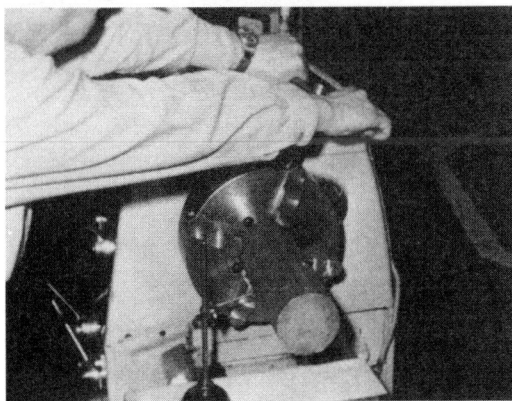

7 卡盘上在主体和卡爪的侧面有 1~4 的号码，定心时若从最初安装工件时就看着该号码操作 4 个爪，不但容易定心，而且可以防止判断错误。

6 之后松动间隙大的卡爪，夹紧间隙小的卡爪，最好使间隙保持一致。

8 与平面规的间隙大体一致后，不再用调松而只用夹紧进行调节。调松卡爪的动作大时定心便费时间。完成定心后要再一次把各卡爪可靠夹紧。

自定心卡盘的

自定心卡盘

自定心卡盘在1处夹紧，3个卡爪同步移动，可以自动定心，而不用一个一个地

①

②

定心，非常便利。因为只有3个卡爪，所以工件仅限于圆形、六角形和三角形，如图①所示。

自定心卡盘在出厂时已由制造厂指明了放入卡盘扳手进行夹紧的孔，如图②所示的标识。用其他的孔夹紧虽然也能定心，但精度都不如设置的孔高。

自定心卡盘也有图③所示那种带凸缘的。这种卡盘在内部齿轮因磨损而精度下降时，可旋松凸缘的螺栓（见图④），一面看

③

着指示表一面用木槌敲来进行定心（见图⑤）。定心是在待加工的工件上进行的，其可调范围为 0 ~ 0.5mm，因为调整范围一大平衡就会变差。

④

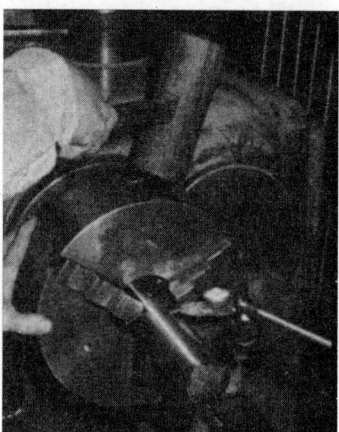

⑤

使用方法

未淬火卡爪

自定心卡盘有一种未淬火卡爪，JIS 中有未淬火自定心卡盘的规格。与普通卡盘的卡爪坚硬而不变形相对，

未淬火卡爪是由能为适应工件尺寸、形状而切削到某种程度的材料制成的。

未淬火卡爪卡盘是在坚硬而不变形的"卡爪座"（见图①）上装有未淬火卡爪（见图②）。

切削未淬火卡爪时，将工件和同一尺寸的环安装在要切削部分的内部，如图③所示。用镗孔刀进行切削，如图④所示。切削完了要把工件放进去试试，如图⑤所示。

这样成形的未淬火卡爪不会在工件加工好的面上形成伤痕，并且能够抓紧，这是因为未淬火卡爪是由软材

料做成的，可与工件加工面形成相同尺寸的曲面。

自定心卡盘凸缘的安装与单动卡盘相同，但它的抓紧力却不如单动卡盘。

①

④

②

③

⑤

43

工件即使用卡盘夹紧，但在其长径比大的情况下，也得用顶尖支承。工件端面上钻有中心孔，用安装在尾座上的顶尖进行支承。这样切削工件前端时就能防止工件脱落，卡盘提供的夹紧也更加安全。

用顶尖支承时必须把顶尖安装在尾座上。顶尖套上有莫氏锥度孔，要打扫干净。顶尖也要清洁（见图①），轻轻地完全推进顶尖套里（见图②）。近年来顶尖大多为旋转顶尖。

也要把工件上的中心孔打扫干净（见图③）。钻中心孔时不要残留切屑等物，该孔存有异物时推压顶尖会出现中心振摆，从而使圆度、尺寸等不准确。

然后将尾座靠近工件，先把尾座夹紧固定（见图④）。为了能承受强力切削，有的机床在夹紧把手之外还带有更能可靠固定的结构。

固定了尾座后平稳转动手柄，使顶尖进入工件上的中心孔（见图⑤）。此时如果顶尖套的突出量短，便可提高稳定性。也有这样一种方法：不固定尾座，而在把顶尖推向中心孔时转动手柄，使尾座后退到需要部位。

接着，顶尖套要用控制杆夹紧（见图

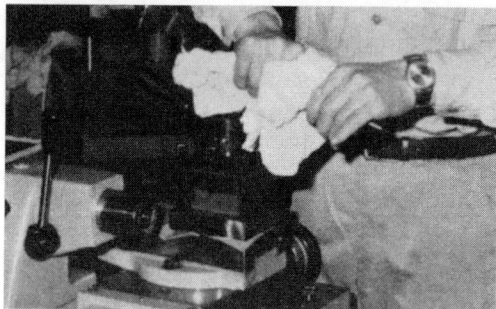

① 顶尖擦试干净

② 把顶尖推进顶尖套

顶尖支承

44

⑥），以免因切削阻力而后退。

随着手柄转动而进退的顶尖套进给丝杠上有齿隙，也就是说螺纹有松动。由于切削阻力、车床振动、被切削工件的热膨胀等作用而使顶尖套往后推时顶尖受螺纹松动影响而后退，会使工件成为废品，甚至产生事故。

为了避免此类情况，要使尾座手柄的把手处于右侧上下垂直的范围内夹紧顶尖套（见图⑦）。这是因为把手的重力推动顶尖可任意进行调整。如果把手转在左侧，其因重力而下降，正是这时进给丝杠产生齿隙。有的车床将手柄把手的重力均衡化，以避免这种情况发生。

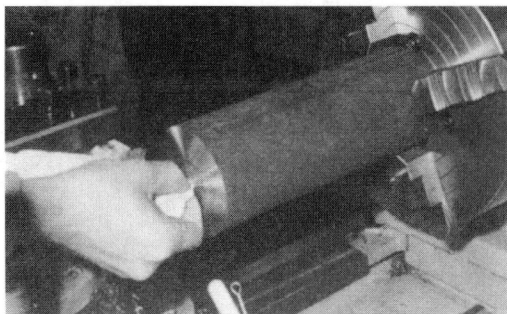

③ 擦净中心孔

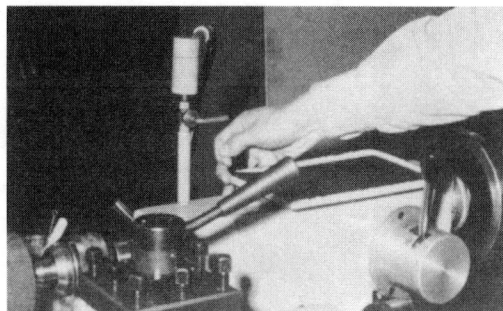

⑤ 转动手柄使顶尖进入中心孔

④ 固定尾座

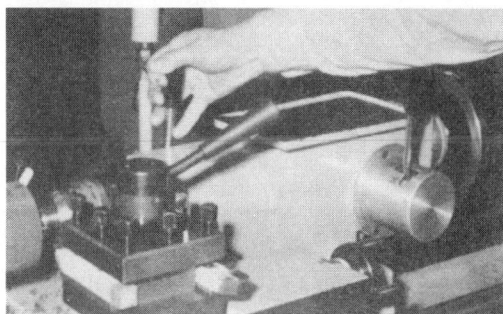

⑥ 固定顶尖套

⑦ 手柄的把手在右侧上下垂直范围内夹紧

45

夹持端

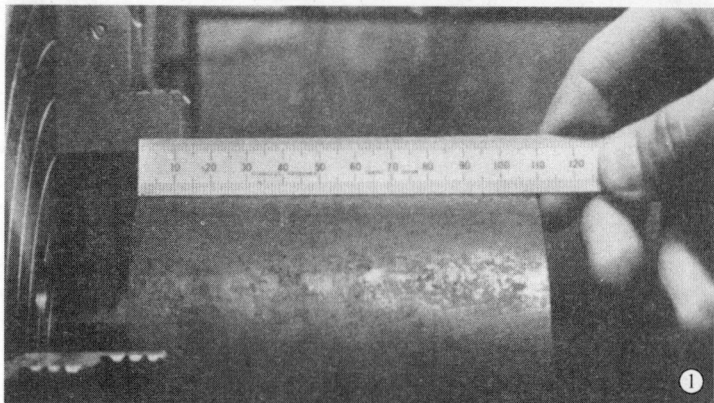

①

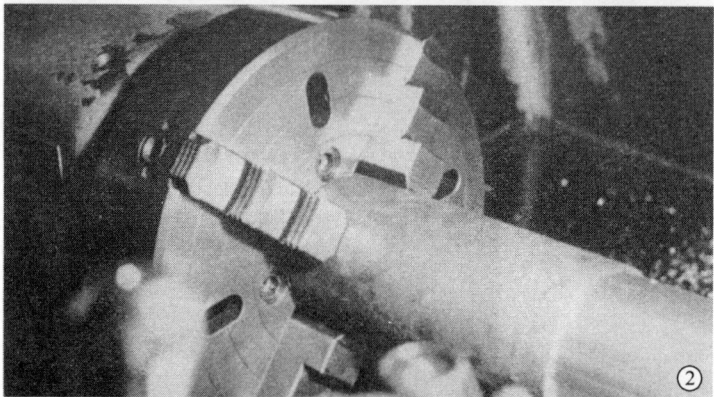

②

③

用卡盘夹持工件时最重要的是卡盘卡爪不能松动，如果卡爪松动，夹持时会松开工件，即使夹持部分再多也非常危险。

一般情况下最低限度要确保 10mm 左右，如图①所示。

黑皮圆柱工件在某种程度上以粗细黑皮的强力切削为主，要将工件的端部接到卡盘的面上，以便耐切削阻力，如图②所示。倾斜大时要垫上垫片。

较长工件不进行强力切削，夹持余量多时，如果工件太长，极不方便，此时要大大缩短长度，如图③所示。

垫片

①

②

③

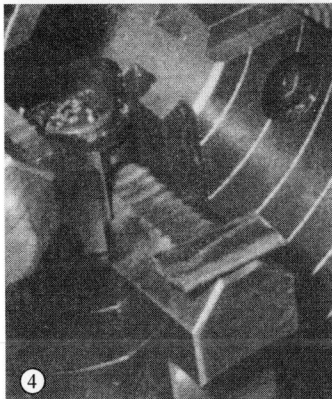

④

⑤

⑥

⑦

　　垫片可以垫在卡爪和工件之间，用于夹持已加工面。因为卡盘的卡爪比较坚硬，通常夹持时在卡爪后垫上垫片，如图①所示。一般是把铜板等软金属切割成适当大小的片当做垫片使用，如图②所示。

　　垫片的宽度最小应该是可靠地夹持部分的宽度，但接触时不能定心，如图③所示，要按照图④所示那样放

置。插入垫片时4个垫片的位置必须一致，如果像图⑤所示那样前后错离，则工件被撬动时就很难定心，切削中发生活动是很危险的。

　　有时像图⑥所示那样卷在卡盘的卡爪上，采取这种方法时即使取下工件，垫片也不掉下来，这样很方便。支承鸡心卡头时也应使用垫片，如图⑦所示。

两顶尖

工作顺序

▶ 擦净主轴端

▶ 擦净拨盘

▶ 拨盘安装在主轴上

用两个顶尖支承工件的方式称为"两顶尖支承"。两顶尖中主轴侧的顶尖叫"回转顶尖或活顶尖"，因为它与主轴一起转动；尾座侧的顶尖叫"固定顶尖或死顶尖"。

进行两顶尖支承时能调头装夹，可以省去调头时定心的时间。回转顶尖虽说与主轴同步转动，但也仅仅是支承工件，不具有使工件旋转的力。要使工件旋转，则需要"拨盘"和"鸡心卡头"（参考第34页）。

◀ 轮流紧固螺栓

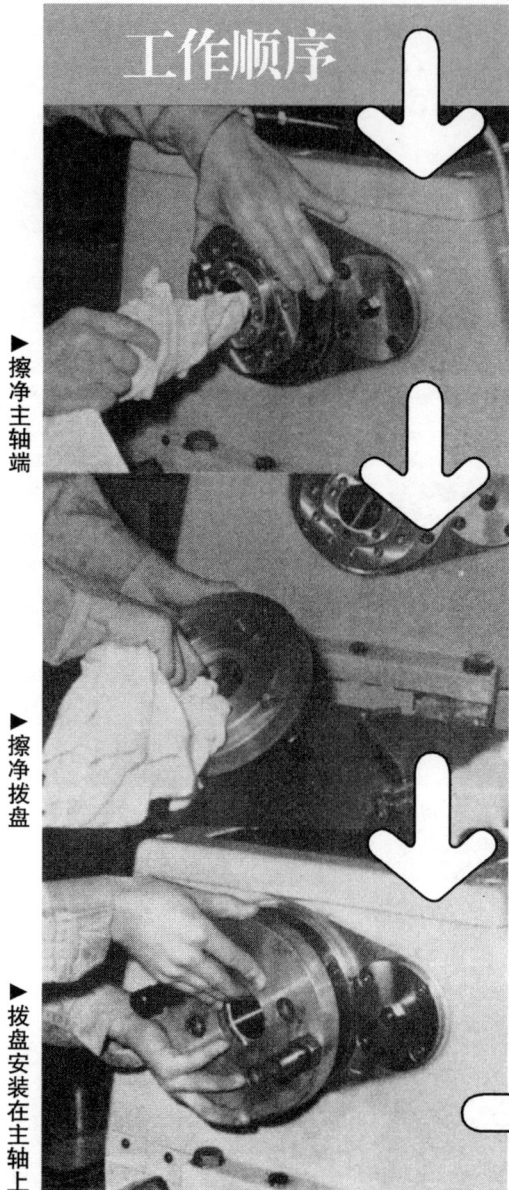

48

支承

拨盘的安装与拆卸和卡盘完全相同。回转顶尖的安装也需要加以注意。鸡心卡头安装在工件上，与工件的轴向成直角，以使工件旋转时不会翘。

拨盘、回转顶尖、鸡心卡头准备就绪后首先用主轴侧的回转顶尖支承工件，然后把尾座侧的固定顶尖放入工件的中心孔内。不使用旋转顶尖时要在中心孔涂以红色涂料，和44页中顶尖支承一样。

拔出主轴侧回转顶尖时，要从主轴另外一侧把棒捅进主轴孔轻轻地顶，力量应达到不使顶尖脱落的程度。如果一只手能够操作，则用另一只手握着顶尖不使之脱落。

▲ 中心孔涂上红色涂料

▲ 工件装在主轴上

▲ 鸡心卡头装在工件上

▲ 嵌入回转顶尖

► 使主轴以最低速度旋转紧固螺栓

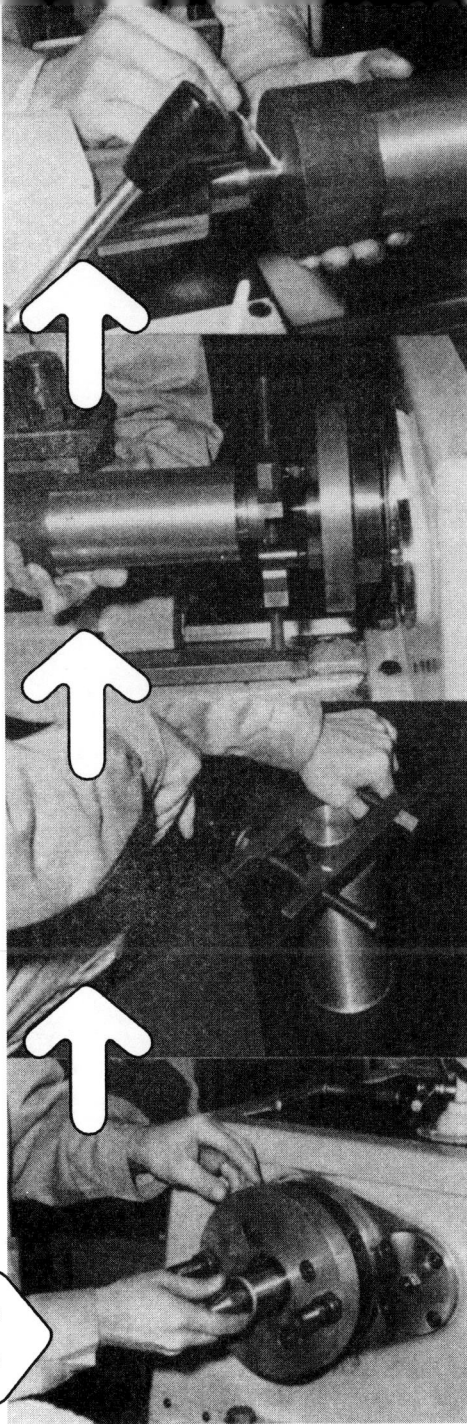

49

车刀的安装

安装车刀的地方是刀架。

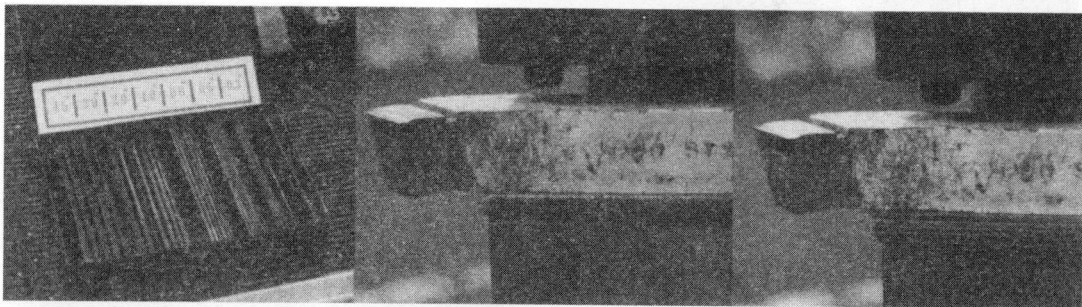

▲垫板有各种高度

▲用垫板调节高度

▲不能用这么多

要使车刀刀尖高度与主轴中心（即尾座顶尖）的尖端相一致，因此要用垫板进行调节以达相同高度，不过垫板数量要尽量少。

▲这样突出不能切削

车刀从刀架伸出的量不要超过刀柄高度的 1.5 倍（车断刀例外）。从伸出量就

▲垫板不可缩进去

可以看出合理量来。垫板从刀架前缘垂悬，与车刀加长突出部分相同。

▲刀尖与顶尖一致　　　　　　　　▲使刀架旋转配合

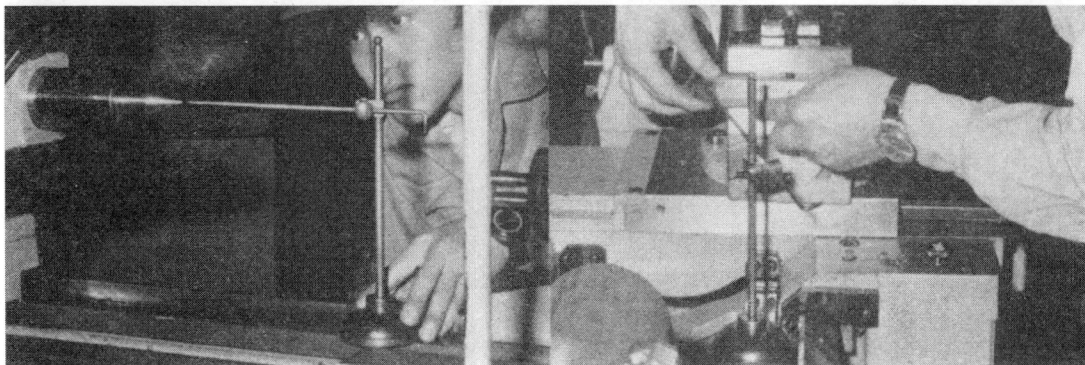

▲使平面规与顶尖吻合　　　　　　▲使车刀的刀尖与平面规吻合

车刀高度要配合顶尖来确定，眼睛必须从与刀尖和顶尖水平的位置看。镗孔刀那样的刀尖则最好要使刀架转动。

像弯头车刀那样短而反向的车刀要使用平面规。首先要使平面规的针尖与顶尖一致，使车刀与该平面规一致。放置平面规的地方必须平坦，要很稳定，作基准必须很可靠。

平面规一经调好，工作中换刀具时就不必花时间将往复工作台一次次地移到顶尖附近。支承顶尖时松开尾座，效率是非常低的。

有的车床尾座上有划线，便于车刀定心。

▲尾座上带线

51

加工面上的定心

单动卡盘的定心是在工件已加工一侧进行正确定心,当然要垫上垫片。

长的工件先在卡盘近处定心,然后在顶端附近定心。顶端附近定心时要敲打工件以消除中心振摆。敲打是用铅锤(也可用铜锤、黄铜锤),对于较软材料则用木槌。这样反复进行定心以消除两处的中心振摆。

对于长度短而直径大的工件通过外圆和预先加工时侧面的振摆进行定心。

要求精密的同心度时用指示表代替平面规,这样能正确、精密地定心。借助划线的定心时用平面规配合针尖。

◀ 先在卡盘附近定心

◀ 继而在顶端附近定心

◀ 敲工件

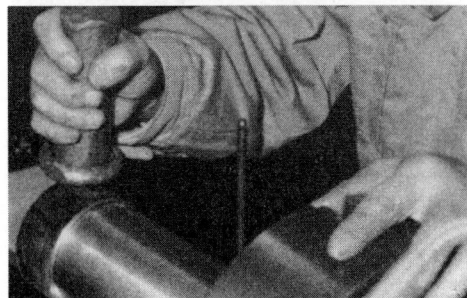

▶ 通过侧面的振摆定心

▶ 用指示表达到高精度

▶ 借助划线

车削原理

● 刀尖角度和切削速度

对于车削加工可以说通过切屑就能知道所进行的切削加工是否优良。要想做到这一点必须对切屑有所认识，了解在什么切削条件下用什么刀具、什么刀尖形状和切削什么工件时产生什么样的切屑。

提高切削速度会增大切削面积，从而提高效率，但也不可能把速度提到任意值。如果加工面质量差，刀具有缺陷，作业根本谈不上效率。从事车床操作，要对切削有基本的正确认识，要学习理论知识。

切削速度

切削加工有标准切削条件，研究刀具和各种工件的切削性能确定适当的切削条件。切削条件之一是切削速度。

什么是切削速度？车床上标示着若干数值，但几乎所有车床上都没有切削速度这类数值，各种车床上出现的是主轴转速。切削速度是由主轴转速和工件直径决定的。

相关公式表示如下：

$$v = \pi\, dn/1000$$

式中　π——圆周率（≈3.14）；

d——工件直径（mm）；

n——主轴转速（r/min）；

v——切削速度（m/min）。

切削速度是指车刀在1min时间内在旋转着的工件上所切下切屑的长度，每分钟120m即是1min内产生120m的切屑。这是理论上的，实际切屑是收缩的，即使把切屑卷拉开也短，不过总长为120m肯定没错。

切削速度受工件直径的影响，所以当端面切削从最

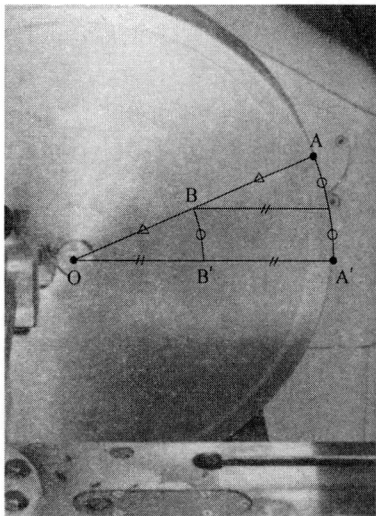

▲ 本车床主轴转速为 35 ~ 1800r/min，为 12 级转换

大直径到中心部的直径连续缩小时，切削速度也与之成比例连续下降。切削速度下降在效率方面及加工质量方面都产生不良结果，因而在切削大直径端面时要数次改变主轴转速，以形成适当的切削速度。

标准切削速度请参照118 ~ 119 页。

下图所示是进行端面切削。

从外部开始切削，车刀向中心运行。现在主轴转速确定不变，在同一时间外径部分切削长度是弧 AA'，而直径 1/2 的 B 点却仅仅切削 BB'。就是说在 B 点的切削速度是 A 点切削速度的 1/2。若 A 点和 B 点都用相同速度切削，当车刀来到 B 点时不把主轴转速加为 2 倍就不可能形成相同的切削速度。

▲三次改变主轴转速的大直径端面切削

进给量

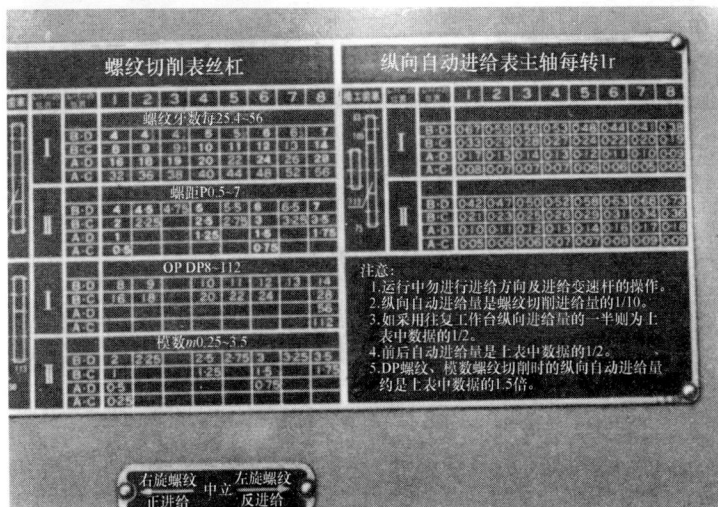

▲车床的进给量用表显示，通过控制杆操作可以改变

▼圆柱体切削场合和端面切削场合的进给量

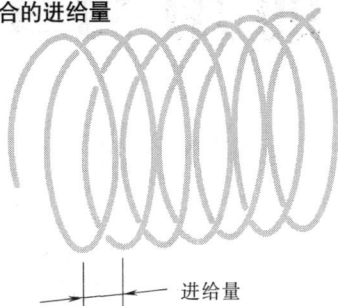

▲圆柱体切削
▼端面切削

进给量

车刀对着由主轴转动而带动旋转的工件在进给的同时移动，工件旋转 1 周车刀移动的距离称为进给量。

用车刀进行切削，犹如螺纹或唱片，是一条槽从开始持续到最终。进给的结果是在工件上产生了两牙顶间的槽宽。观察螺纹切削就能很好了解进给情况。螺纹相邻两牙顶或两牙底之间的宽度即为进给量。

端面切削是车刀向着中心点运行，它和圆柱切削一样，工件转 1 周车刀的移动幅度即是进给量。

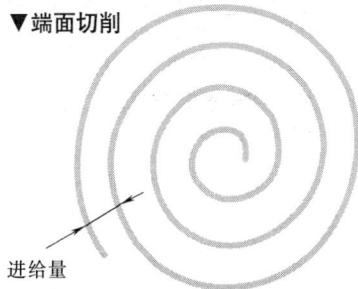

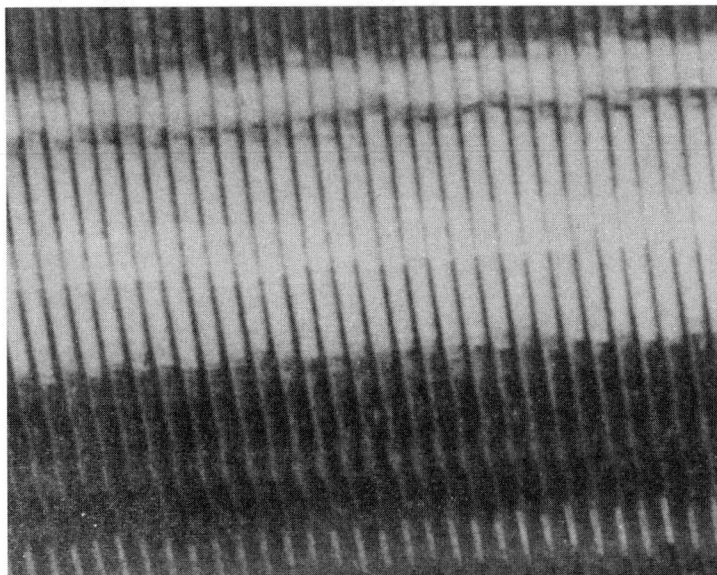

▲切削圆柱体时出现的进给，线与线之间的距离是每转 1 周的进给量

前角与工件

▲根据工件改变前角

车床加工时前角在很大程度上决定了车刀的锋利程度。车刀前角有副前角和前角，两种前角在实际切削中影响很大。

前角的不同表现在切削阻力、加工面、切削热、切屑排除等方面。例如前角大时可减少切削阻力和切削热，却缩短了车刀寿命。加大前角可产生带状切屑，而且加工面良好。根据工件改变前角会提高切削效率。那么对于不同

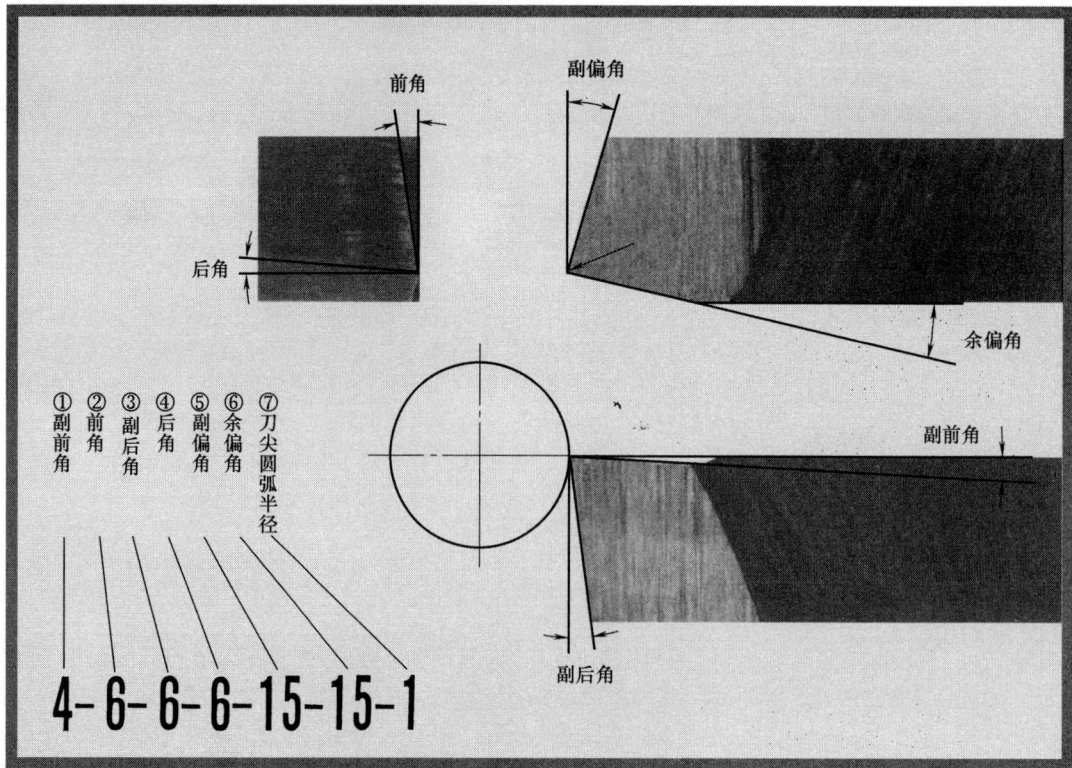

①副前角
②前角
③副后角
④后角
⑤副偏角
⑥余偏角
⑦刀尖圆弧半径

4 - 6 - 6 - 6 - 15 - 15 - 1

▲车刀刀尖形状的表示方法，各角度和尺寸按①~⑦的顺序排列

工件采用多大的前角为好呢?

一般来说硬的材料用比较小的前角,对于铝、铜、不锈钢等应加大前角。锻造材料和铸钢坯料断续切削时应缩小前角或采用负前角。

例如用高速钢车刀车削软钢时上前角为 16°~20°、前角为 18°~22°;车削硬的钢材时前角为 8°~12°、10°~14°;车削铝时前角为 30°、15°。详细参照 119 页。

对于相同的工件如改变车刀前角可提高切削性能。

采用多大的前角是硬质合金车刀和高速钢车刀共同的问题。硬质合金车刀比高速钢车刀脆,容易出缺口,就前角来说问题更多。而且带前角的硬质合金车刀很难研磨。所以有的工厂使用另外一种方法,即硬质合金车刀前角固定不变,只改变进给量和切削速度。

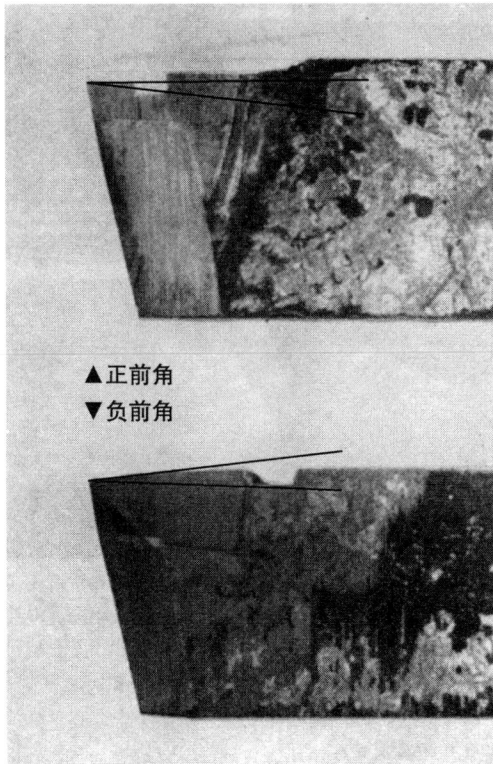

▲正前角
▼负前角

▲正前角和负前角

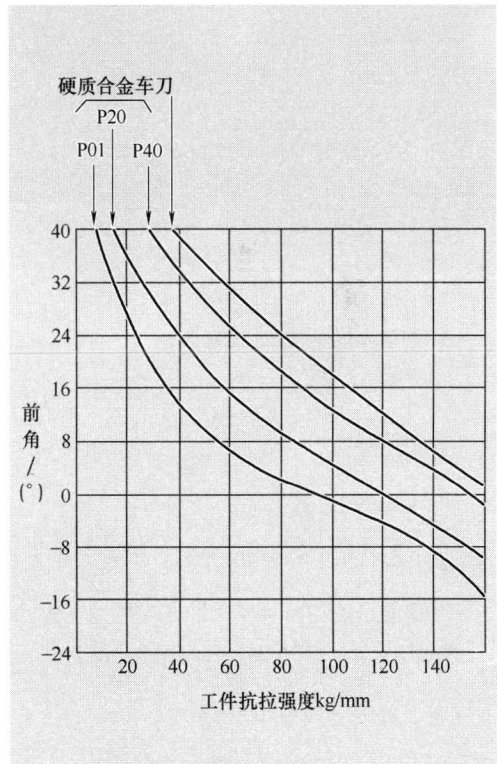

硬质合金车刀

P20

P01 P40

前角 / (°)

工件抗拉强度kg/mm

▲工件与最大前角

余偏角的作用

车刀的角度最重要的是前角，其次是余偏角，余偏角影响着车刀寿命。

试比较一下余偏角是 0° 的场合和大于 0° 的场合。同一进刀和进给由于切削面积相同，所以有角度一方比 0° 一方的切屑宽度大，会产生薄切屑。

当切削力分散到长的刀口上而降低刀尖温度时，将延长刀具寿命。

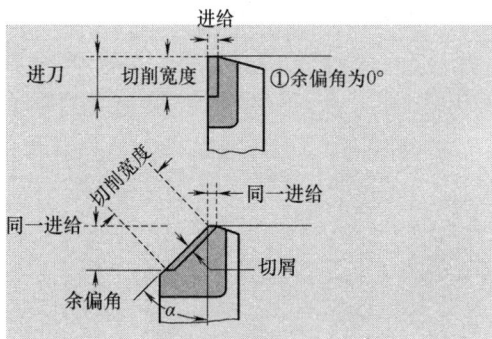

过于加大余偏角可引起振动，细长工件会脱落。

余偏角是在 0°~45° 之间选取，一般情况下粗加工时选 10°~15°，精加工则更小。

▲余偏角从切削开始到切削完毕近乎为 0°。如果余偏角是 0°，则将突然受到进刀开始时的冲击，并在切削完成时车刀由于进给而推压工件，也可能使工件边缘产生毛刺。

58

▲带余偏角时的切削开始与切削完毕接近。进刀开始为保护刀尖可使切削阻力一点点增加，切削完毕后不用刀尖推压而逐渐退出，端面的角切削会完成得很漂亮。

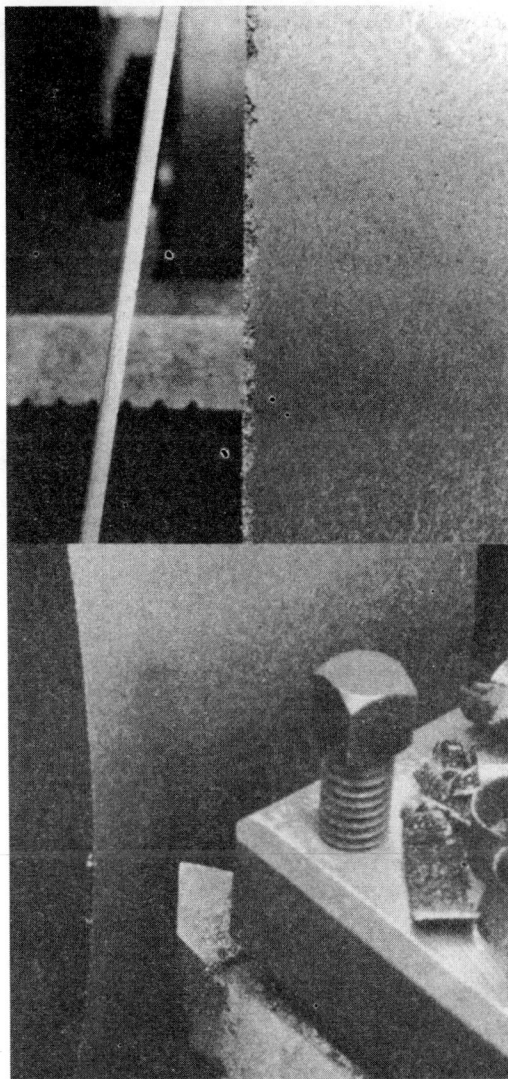

▲铸件切削时切削完成后的角问题最大，即用余偏角为 0° 的车刀切削铸件的角和用带余偏角切削完成的角有很大不同。不带余偏角切削完成时直角上出现缺口，铸件出现环形，带余偏角切削完成时直角很干净。

刀尖圆弧半径与进给·加工面

刀尖圆弧半径的大小严重影响刀具寿命和加工面的表面粗糙度。车刀的刀尖若不带刀尖圆弧半径（不带圆角），进给时切削集中

在刀尖部分，将会缩短车刀寿命。

刀尖上的圆角如图①所示，切削的厚度一点点变薄，加在刀尖上的切削阻力将分散

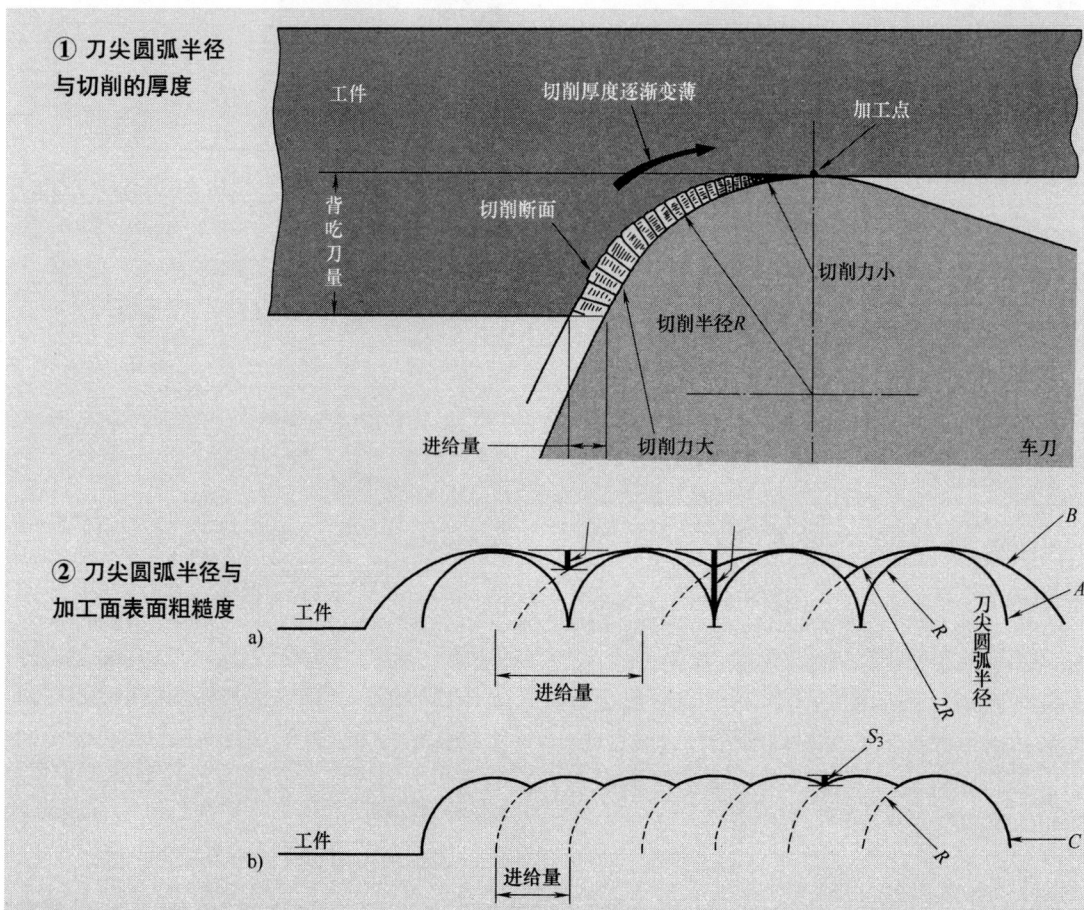

① 刀尖圆弧半径与切削的厚度

工件

切削厚度逐渐变薄

加工点

背吃刀量

切削断面

切削力小

切削半径R

进给量

切削力大

车刀

② 刀尖圆弧半径与加工面表面粗糙度

a)

工件

进给量

B

A

刀尖圆弧半径

$2R$

R

b)

工件

进给量

S_3

R

C

到圆角上，减小切削压力，减少切削热。

刀尖圆弧半径会影响加工面，刀尖圆弧半径加大时加工面更加光洁。

刀尖圆弧半径与进给也有关系。

图②a 表示进给固定不变而改变刀尖圆弧半径时切削面的表面粗糙度。A 表示进给和刀尖圆弧半径相等时切削面的粗糙度是 S_1，而 B 表示进给不变却把刀尖圆弧半径定为 2 倍时的表面粗糙度为 S_2。就是说进给固定不变而使刀尖圆弧半径变成 2 倍，切削面就从 S_1 优化为 S_2。

若使刀尖半径固定不变而只改变进给又会如何呢？

图②b 中进给量定为 1/2，此时表面粗糙度是 S_3。S_1—S_3 是进给定为 1/2 时的效果，进给缩小则切削面的表面粗糙度值更小。

这样，加大刀尖圆弧半径或缩小进给量会优化加工面。可是刀尖圆弧半径能够任意加大吗？当然不行，因为如果过度加大刀尖半径，虽然优化了加工面，却容易发生振动。

反之如果刀尖圆弧半径缩得过小则会使刀尖弱化，造成加工面质量变差。一般情况下刀尖圆弧半径定为进给的 2~3 倍。钢采取 0.5~1.5mm，铸铁取更大些为好。

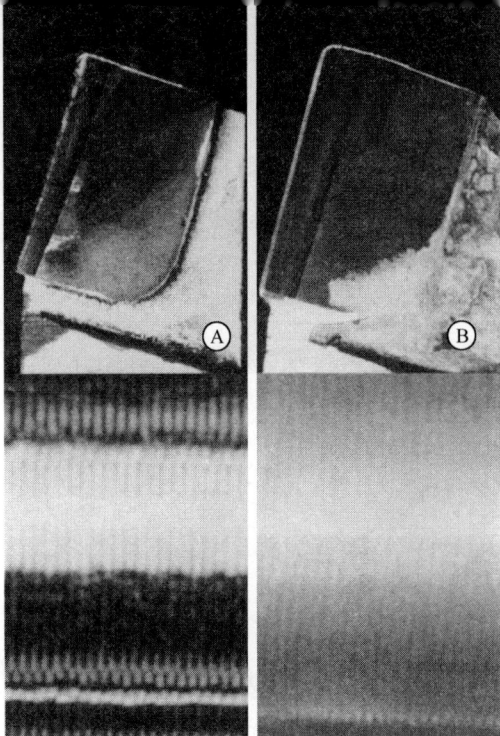

▲Ⓐ、Ⓑ所示是进给量相同（0.7mm）的工件，但刀尖圆弧半径不同，依然出现表面粗糙。

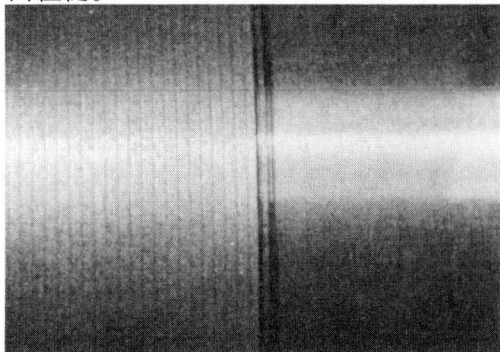

▲现在刀尖圆弧半径一样，进给量为 0.1mm，用的是图Ⓑ所示的车刀，左侧进给量定为 0.7mm，右侧进给量定为 0.1mm，可以看到由于进给量不同而使光洁面不同。

▼刀尖圆弧半径与背吃刀量

背吃刀量	刀尖圆弧半径/mm	
/mm	钢、黄铜、铝	铸铁、非金属
3 以下	0.6	0.8
4~9	0.8	1.6
10~19	1.6	2.4
20~30	2.4	3.2

切屑的形状

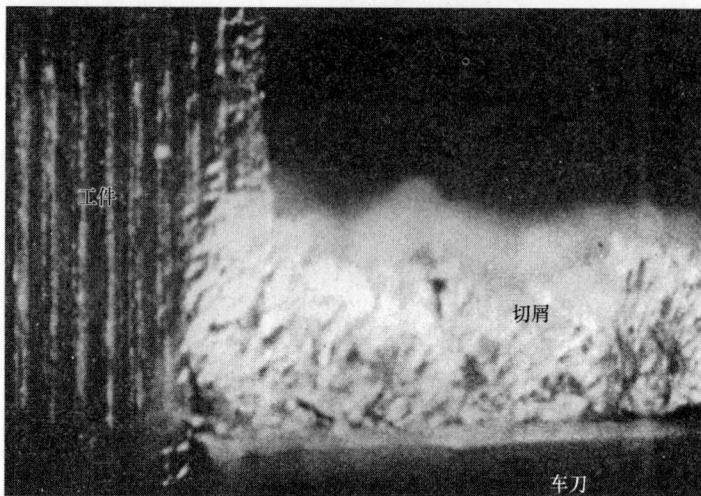

▲ **工件与切屑**（工件上见到的纵线间隔是 1mm）

▲ **带状切屑**

▲ **粒状切屑**

用车刀切削工件时会产生切屑，切屑大致分为带状、节状（挤裂形）、粒状（剪切形）、崩碎 4 种。

①带状切屑：这种切屑是沿着车刀的前面连续产生，此时几乎没有切屑阻力，加工面质量良好。下述情况容易产生带状切屑，即车刀的前角大（甲）、背吃刀量小（乙）、切削速度快（丙）、工件延展小（丁）。

②节状切屑：这种切屑不是沿着车刀前面流动，而是在刀尖处形成锯齿形，较多出现在黏性工件的切削中，加工面不良如锯齿形一样。

③粒状切屑：是一个个碎化的切屑，切削阻力是变化的，加工面质量差，工件剪切强度小时较易出现这种切屑。

④崩碎切屑：是从工件上崩下，几乎没有塑性变形，用大前角车刀低速切削铸铁等脆性材料时会产生这种切屑。

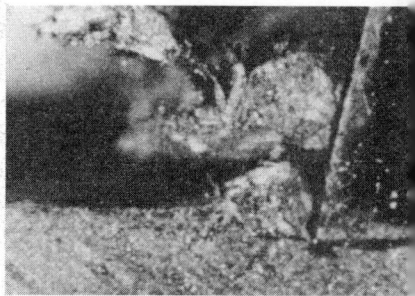

▲ **节状切屑**

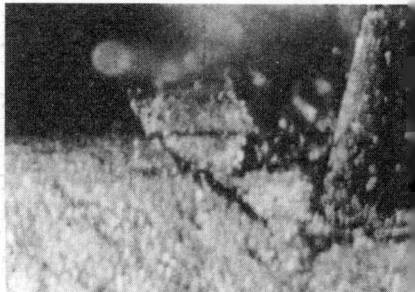

▲ **崩碎切屑**

背吃刀量与进给量

切削速度相同，则背吃刀量×进给量构成切削面积。要提高切削效率最好是扩大切削面积。在切削面积固定不变的情况下进行切削，即使背吃刀量定为1/2、进给量定为2倍，其结果也是一样。提高切削效率是改变进给量呢还是改变背吃刀量呢？一般来说可以采取加大进给量的方法。

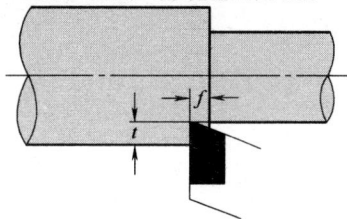

▲进给量（f）和背吃刀量（t）

通常所用的背吃刀量和进给量的基准见下表（超硬）。

▼背吃刀量与进给量

	进给量/（mm/r）	背吃刀量/mm
粗加工	0.1 ~ 0.2	5 ~ 6
精加工	0.2 以下	0.2 ~ 0.5

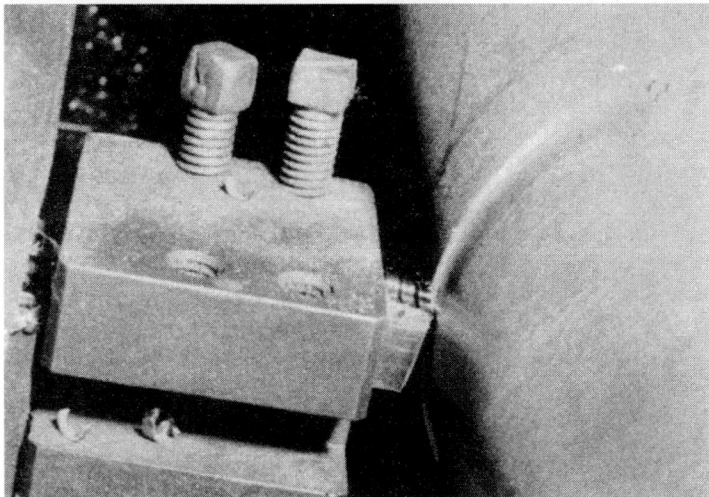

▲即使背吃刀量相同，如果是带车刀余偏角（照片中为 30°），则与 0° 相比会形成幅度较宽的切屑。

▲切削钢时使背吃刀量固定不变（5mm）而改变进给量的切屑。左侧进给量是 0.1mm/r，右侧进给量是 0.7mm/r。

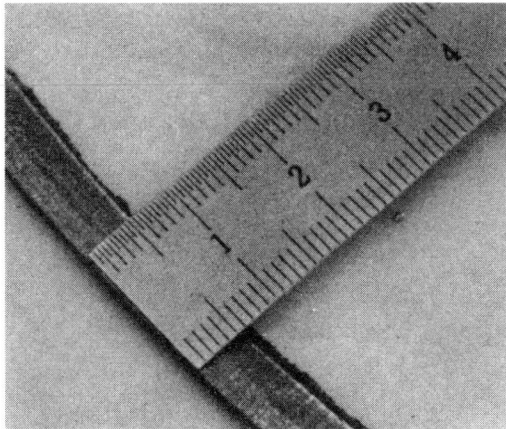

▲这是切削铸件结束时产生的，看钢直尺可知背吃刀量是 5.5mm。

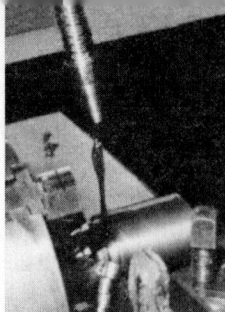

工件与切削液

车床加工中虽然有可不使用切削液的情况，但最好是尽可能使用切削液。

切削液有润滑作用和冷却作用，其种类如下：

① 减少切屑和车刀前面的摩擦（如加大前角）可产生和加大前角一样的效果。加大前角时刀更加锋利，但刚性变小。例如切削软钢，使用切削液后犹如把前角加大5°（锋利

切削液的种类和作用

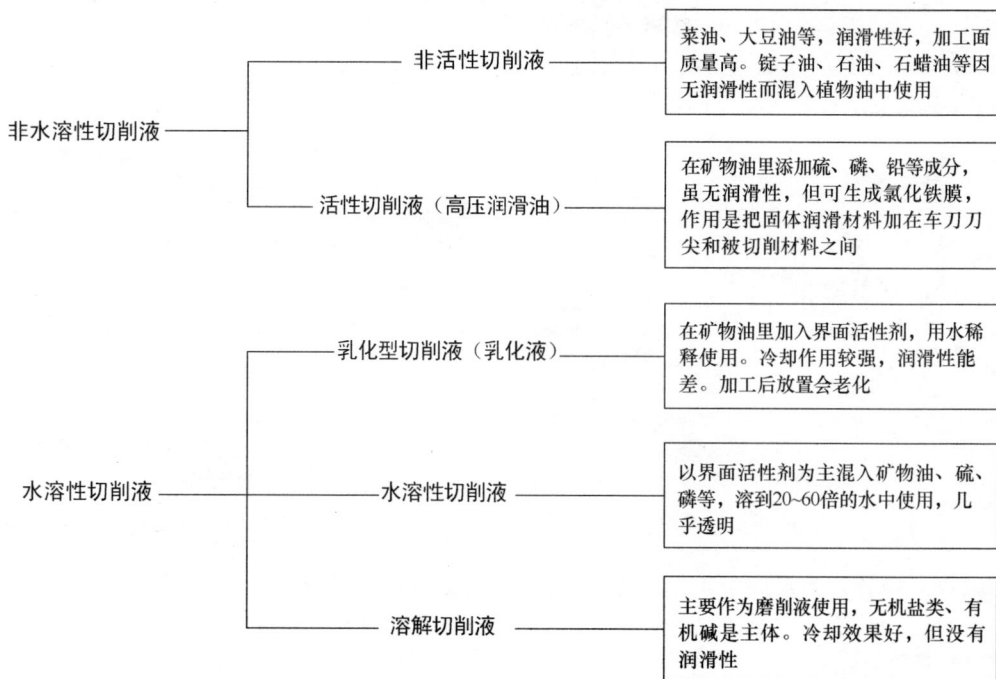

非水溶性切削液	非活性切削液	菜油、大豆油等，润滑性好，加工面质量高。锭子油、石油、石蜡油等因无润滑性而混入植物油中使用
	活性切削液（高压润滑油）	在矿物油里添加硫、磷、铅等成分，虽无润滑性，但可生成氯化铁膜，作用是把固体润滑材料加在车刀刀尖和被切削材料之间
水溶性切削液	乳化型切削液（乳化液）	在矿物油里加入界面活性剂，用水稀释使用。冷却作用较强，润滑性能差。加工后放置会老化
	水溶性切削液	以界面活性剂为主混入矿物油、硫、磷等，溶到20~60倍的水中使用，几乎透明
	溶解切削液	主要作为磨削液使用，无机盐类、有机碱是主体。冷却效果好，但没有润滑性

度提高），并防止刀尖产生积屑瘤，使加工面良好。

②通过冷却作用消除切削产生的摩擦热，使刀尖不构成高热，从而可防止刀尖软化。

起这种重要作用的切削液有多种。通常使用的切削剂是液体的，也有气体和固体的切削剂。

碳钢	高碳钢 ● 高速切削加微量氯 ● 中速、低速切削是硫—氯复合体 ● 活性离子系列加入硫
不锈钢 耐热钢	高氯系列 高酯、氯、润滑性高的水溶液及其他冷却能力强的
铸铁	黏度低的
铝合金	用氯系列黏度低的
铜合金	酯型

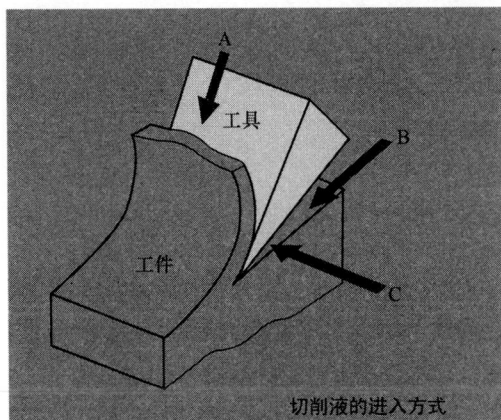

切削液的进入方式

切削液和工件

切削液有多种，各有优缺点。如果不能根据切削条件灵活使用，即使加了切削液也不起什么作用。

例如大豆油、菜籽油等植物油，润滑性能虽好，但其工作摩擦部分的温度只能到200℃左右，超过这个温度就不能发挥润滑作用了。高速、强力切削方面则以干式（不加切削液）切削为好。

上表是大致的基准，切削液的使用要根据条件的变化而变化。

①强力切削，切削液渗透性的大小影响表面粗糙度。

②随着黏度增加，会减小加工面的表面粗糙度值。在这一点上脂肪性的切削液更好，矿物油、乳胶型切削液则依次增大表面粗糙度值。

③随着切削速度加快，冷却效果变差。

④一般来说高速切削时乳胶型切削液效果好。

⑤吃刀量小而进给量大时，水溶性切削液、乳胶型切削液较好；吃刀量大而进给量小时则矿物油、动植物油、活性切削液较好。

工件与刀具的灵活运用

车床作业
中所用的刀具

	性能倾向	JIS 分类	主要被切削材料	作业条件
● 硬质合金车刀	更加耐磨损强系列、切削速度快的系列 ← 韧性强的系列、抗折力强的系列	**P01**	钢、铸钢件	高速、小切削面积:希望加工件的尺寸精度和表面加工性良好时,无振动的作业条件时(进给量在 0.1mm/r 以下,吃刀量约在 1.0mm 以下)
		P10	钢、铸钢件	高速、中小切削面积(进给量在 0.8mm/r 以下);作业条件较好时,锻造等表面偏心部分加工切削时 STi10T 与 STi10 相比,耐磨性相同,耐强力
		P20 (P25)	钢、铸钢件,产生长切屑的可锻铸铁件	中速、中切削面积:具有 P 系列中最一般的用途,在良好条件下能粗加工,刨削场合适于小切削面积
				高速小、中切削面积:钢的铣削标准用法,热势应影响小、夹砂、有孔材料及断续切削时(比 STi2O 韧性大)
		P30	钢、铸钢件,产生长切屑的可锻铸铁件	低中速、大面积:作业条件不太好时(有铸表和铸肌、硬度和背吃刀量改变、切削断续场合)
		P40 (P45)	钢、铸钢件(包括有夹砂和有孔的场合)	低速大切削面积:比 P30 恶劣的作业条件(间隔显著变化的断续切削)时,使用大前角时
				高速、大切削面积:用旧机床低中拉伸强度材料车削时,对刨削比 STi40 刀尖韧度高,取大前角
		P50	钢、铸钢件,低中拉伸强度的材料,有夹砂和有孔的材料	低速、大切削面积:自动机床工作,大前角(高速钢类)和复杂刀尖形状时
				低速、大切削面积:比 P40 不良的切削条件更要求韧性时
	更加耐磨损强的系列 ← 韧性强的系列、抗折力强的系列、切削速度快的系列	**M10**	钢、铸钢件、铸铁件、高锰钢、奥氏体钢、特殊铸铁件	中高速、小中切削面积:希望对于钢、铸铁通用时,作业条件较好时,轴辊切削为好	以 STi20 及 HTi20 为准
		M20	钢、铸钢件、铸铁件、高锰钢、奥氏体钢、特殊铸铁件	中速、中切削面积:希望对钢、铸铁通用时,不太理想的作业条件时	以 STi30 及 HTi20 为准
		M30	钢、铸钢件、奥氏体钢、特殊铸铁件、耐热合金	低中速、中大切削面积:比 M20 作业条件不良时,表面特别粗糙及有夹砂和孔的材料切削多采用大前角,焊料容易进入磨削裂缝的设计时,也适于钻孔作业
		M40	易切钢、有色金属	低速、M 系列切削最要求韧性的作业、自动车床、转塔车床作业用,施以大前角和复杂刃形时
● 硬质合金车刀	耐磨损强的系列 ← 韧性强的系列、抗折力强的系列、切削速度快的系列	**K01**	高硬度铸铁、冷硬铸件、淬火钢、石墨、硬质纸、陶器、石棉等人工材料,高 SiAl 合金	高速、小切削面积:无振动作业条件下
				极低温、小切削面积:无振动作业条件时
		K05	高硬度铸件、冷硬铸件、淬火钢、铜合金、硬质橡胶、岩石、硬质纸、SiAi 合金、塑料	高速、中小切削面积:硬质材料的切削加工,无振动作业条件时
		K10	硬度为 200HB 以上的铸铁、产生短切屑的可锻铸铁、淬火钢(150kg/mm² 以上)、Si-Al 合金、铜合金、玻璃、硬质纸、硬质橡胶、磁器	中速、小切削面积	K 系列中比较一般的作业,无振动作业条件时
				低速、小切削面积
		K20	硬度在 200HB 以下的铸铁件、钢、有色合金、轻合金、胶合板	中速、中大切削面积:系列中的一般切削,要求强韧性作业时
		K30	拉伸强度低的钢、硬度低的铸铁件、有色金属	低速、大切削面积:不太好的作业条件时(粗糙铸件、硬度和进刀变化的切削、断续振动等)
		K40	硬度低的有色金属、木材、塑料	与 K30 的作业条件相比更加不良的作业条件时,要使用大前角时

大多是硬质合金和高速钢制造的。硬质合金、高速钢都依其成分不同而有不同的种类和特性，所以进行高速切削必须选用满足工件切削条件的刀具。

刀具上面标示着它的材料和种类，一般写在刀柄上。

硬质合金材料带着 P、M、K 及之后的号码，高速钢带着 SKH 及之后的号码。

	JIS 分类	用途	主要被切削材料
● 高速钢车刀	SKH$_2$	一般切削用	
	SKH$_3$	高速强力切削用	铝
	SKH$_4$A	中速强力切削用、难切削材料切削用	半硬钢、黄铜、马氏体锈钢（易切削）
	SKH$_4$B		
	SKH$_5$	高速强力切削用、加工硬度大的难切削材料切削用	奥氏体系列不锈钢（难切削）、耐热合金、硬钢
	SKH$_{10}$	难切削材料切削用	软钢、高铬钢、高镍钢、普通铸铁
	SKH9	需要韧性的一般切削用	
	SKH52	需要韧性的高硬度材料切削用	
	SKH53		
	SKH54		
	SKH55	需要韧性的高速切削用	
	SKH56		
	SKH57		合金铸铁、高锰钢

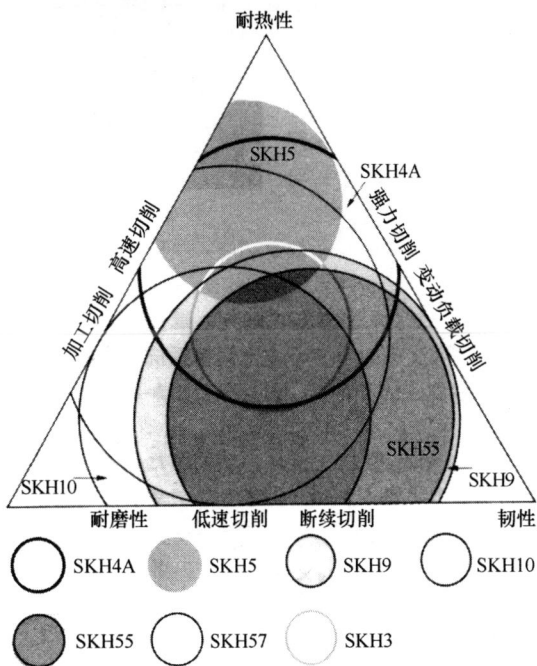

▲高速钢种的特性模型图——越接近三角形顶点，切削寿命三要素中相对应的性能越好，圆面积越大的适应性越好。

67

切削力

切削加工中存在着切削工件的力和阻止切削的力。当进行切削的力占上风时切削作业就可以进行，此时阻止切削的力就是切削力。

切削中车刀受的总切削力是由主切削力（F_C）和与之成直角的背向力（F_p）加上与进给方向反作用的进给力（F_t）合成的，这3个力称为切削3分力。

▲切削力：主切削力、背向力、进给力与总切削力

切削力因工件的延展性、黏性及其他性质形成的不同的单位切削阻力以及切削速度、背吃刀量、进给量等而变化。

普通切削时切削所需的力是从车床动力源取得的，计算公式如下：

$$N_L = \frac{K_s \times a_p \times f \times v}{60 \times 120}$$

N_L——车削需要的力；

K_s——单位切削阻力；

a_p——背吃刀量（mm）；

f——进给量（mm/r）；

v——切削速度（m/min）。

该切削动力显示在车床的电流计（安装计）上（也有没有电流计的）。在相同切削条件下切削相同工件时电流计指针指着相同的地方（也就是说切削阻力是固定的）。

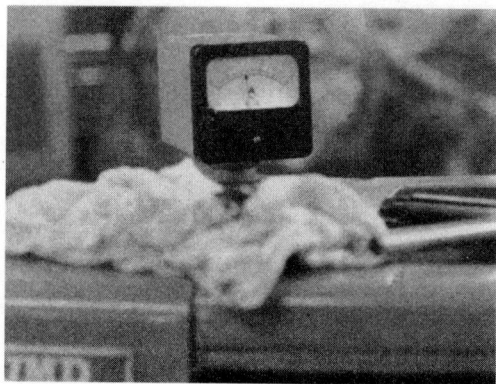

▲车床上带的电流计

68

车削加工

● 车床的基础作业

使工件旋转,使刀具进刀再加以进给,于是某种工件就被切削加工了,此即车床加工。

车床加工有多种,如外圆加工、内孔加工、螺纹加工等,这些作业称为"单元作业",这里介绍的即是单元作业。

在实际作业中并不怎么出现单元作业,而是把若干单元作业在不同情况下组合在一起进行的。但单元作业是基础,这一点不会改变,首先要请大家掌握一套构成基础的基本作业技能。

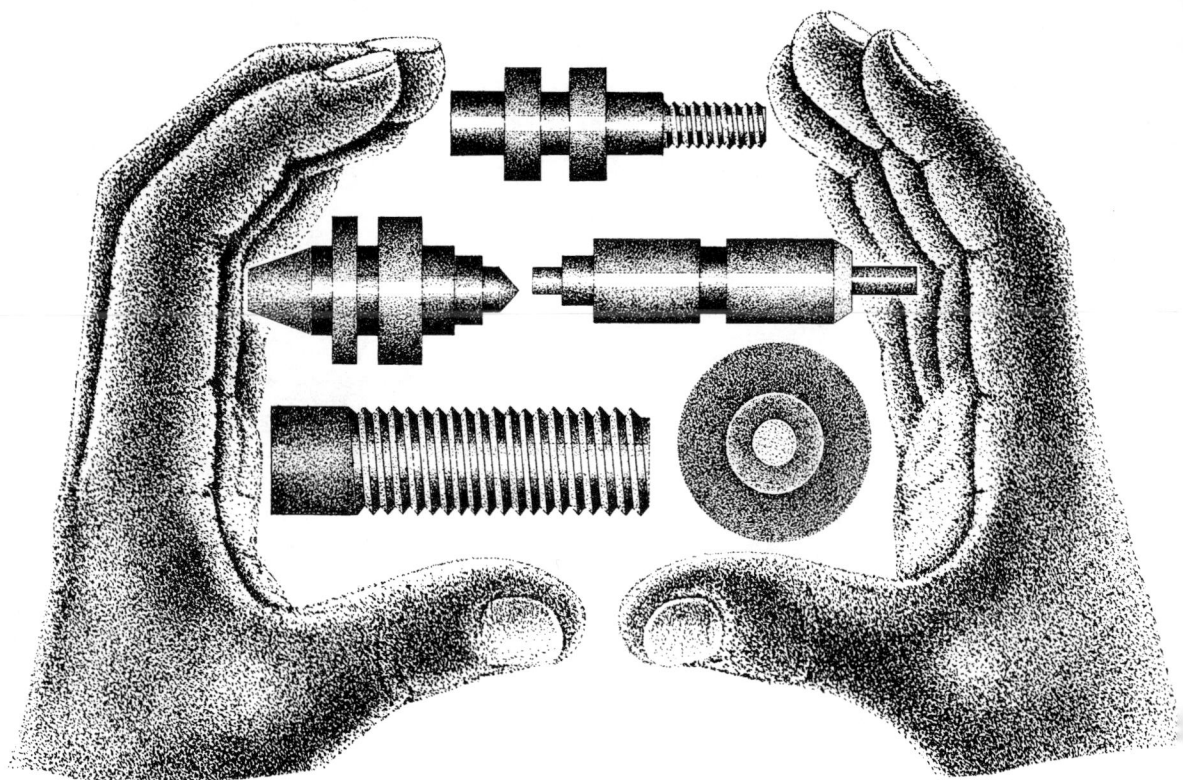

圆柱面车削

使工件旋转,使车刀进刀并纵向进给便是进行圆柱面切削(俗称外圆切削)。

圆柱面切削有各种情况,如图①所示,工件卡紧在卡盘上(悬壁支承);由于工件长度稍长而如图②那样由顶尖推压;像图③那样用两顶尖支承(可见到拨盘和鸡心卡头);或通过卡盘夹持如图④所示那样直径比长度更大的工件等。

圆柱面切削是车床作业中最原始的功能,不论直径大小、长度长短如何变化都必然伴随这种加工。

圆柱面切削并不是"放手不管去切削就能产生圆柱"。虽然车床可按精度检查的标准去切削而形成规定的圆度,但机床运转部位只要使用就会有磨损,因此有些车床并不能自动车出规定的圆柱度。

即使是新产品、高精度车床,工件安装不当或操作有误便不能加工出高精度产品。例如工件卡紧在卡盘上,但突出部分达到限度以上,进行切削时也会如图⑤、⑥、⑦所示两端出现0.5mm的尺寸差。

为防止工件脱落可用顶尖推压,如果极为重要的尾座发生移动,无疑要形成锥形。两顶尖支承的场合也是如此。

如果不管其他条件去切削时,只有随时测量两端(如图⑧所示),才能切削出正规圆柱来。

① 悬臂支承

② 顶尖支承

③ 两顶尖支承

④ 长径比大的工件

⑤ 悬臂支承测量极端工件两端

⑥ 为17.43

⑦ 为18,相差0.57

⑧ 切削时一定要测量两端

端面车削

车床加工轴时必然要车削其两端面，加工两顶尖的场合也要车削其两端面。端面车削最大的问题是从外圆到中心之间切削速度的变化。在外周切削时是适当的切削速度，转速不变的情况下进入内侧后切削速度就变小了。在中心不管怎样高速旋转切削速度都是0。

使某种刀尖角度的车刀去适应一切切削速度是不可能的。所以同样的转速从外周向中心切削时接近中心的加工面质量必然会变差（见图①），因为此时切削速度过慢。接近中心时为提高切削速度在切削中途要改变转速，改变转速的地方要划上线。精加工时不可用此方法。

切削图②所示那种在底座上剧烈振动的大直径工件端面时，即使是粗切削，中途也要3次变速，因为这是铸铁，而且其线也不易引人注意。

进给方向无论从外侧向内还是从内侧向外都无关紧要。图③所示是用弯头车刀从外侧进刀，而图④所示是从内侧进刀进行粗切削。

加工大直径铸铁材料要用尖刀车刀缩小进给量进行加工，或如图⑥所示用副切削刃大的车刀以大进给量进行加工。图⑤所示是从外侧进刀，图⑥所示是从内侧进刀。

轴的两端必然切削到中心，此时车刀的刀尖不论高低都会留下"脐"（残心），如图⑦、⑧所示。顶尖推压场合不要形成车刀尖头部分接触顶尖的状态。要像图⑨所示那样用半缺顶尖推压，切削到中心孔为止。

端面切削是把圆柱切削的角度改变90°，所以粗切削时要让尖车刀、单刃车刀进行90°改变，或者改变90°安装。为防止往复工作台因切削阻力而滑动，要把往复工作台紧固起来（见图⑩）。

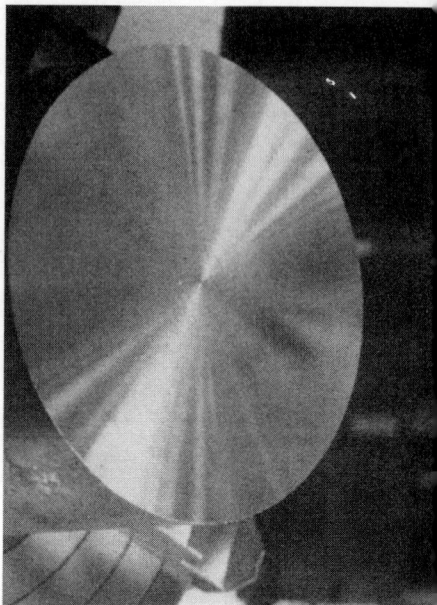

① 中心部位附近加工面劣化

② 大直径工件要3次变速

72

③ 从外侧进刀

④ 从内侧进刀

⑤ 用尖头车刀缩小进给量进行精加工

⑥ 或用副切削刃大的车刀

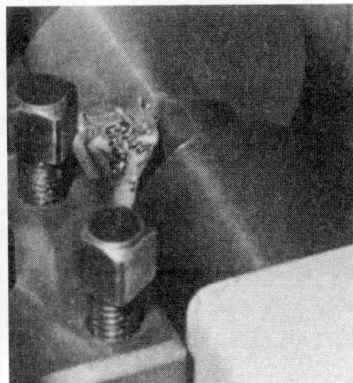

⑦ 车刀刀尖低时残留脐

⑧ 车刀刀尖高时残留脐

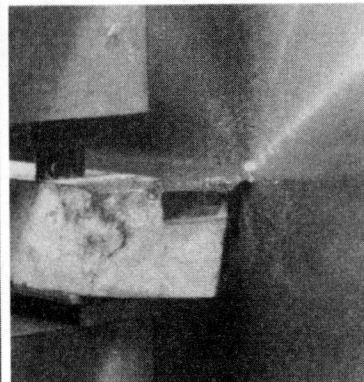

⑨ 进行半顶尖推压切削到中心孔

⑩ 紧紧固定往复工作台

台阶车削

阶梯切削的第一阶段是规定该阶梯的深度(长度)。首先把尺寸取到划规上,在确定的目标处涂上红丹粉(见图①),用划规从端面划线(见图②)或者用尺、划规确定车刀位置并轻轻进刀划线(见图③)。

之后用单刃车刀切削到该线(见图④),阶梯的切削就完成了。阶梯部的直径与圆柱切削相同。仅把单刃安装成直角,最后完成阶梯的加工(见图⑤)。

尖头车刀虽说加给刀的负担小,但使用尖头车刀时存留着该刀主切削刃角度的斜面(见图⑥),接下来必须用单刃车刀处理该斜面。

阶梯部分的长度只要不是很长,用单刃车刀便有利。硬质合金单刃车刀很耐用。

短的阶梯,使单刃车刀接触端面,在该位置上将刀架进给手柄的刻度对准0(见图⑦),可以通过手动进给确定尺寸(见图⑧),这种情况下能相当准确地得出尺寸。切削量多时为安全起见要把往复工作台固定住(见图⑨)。

往复工作台的纵向进给(长度进给)手柄上带有刻度的车床(近来的车床几乎都带有)(见图⑩)也可通过该刻度确定尺寸。这样,在实行进给的阶段就能确定尺寸而不必花费划线的工夫了(见图⑪)。不过手柄上的刻度只能测到0.1mm左右。

最后必须测量核实阶梯尺寸。

对于直径大而阶梯短的工件先确定阶梯的长度,将宽车刀或单刃车刀装成横向或者在弯头车刀上加横刃,像图⑫那样用横向切削(即端面切削)利于取得阶梯。

①在确定的目标处涂粉

②用划规从端面划线

③再用车刀切线

④用单刃车刀进行阶梯切削

⑦将刀架进给手柄的刻度对准0

⑩往复工作台纵向手柄的刻度

⑤完成的阶梯部位

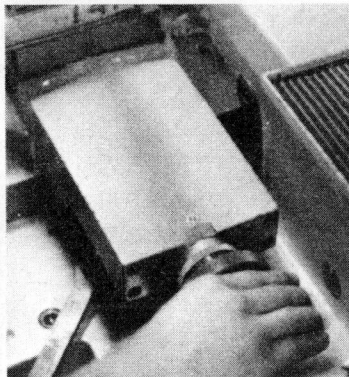
⑧用手动进给得出阶梯长度尺寸

⑪手动纵向进给

⑥尖头车刀存留斜面

⑨固定往复工作台

⑫大直径而阶梯短的工件横向切削

75

内表面车削

内表面车削包括内径切削、镗孔、孔切削等方法。内表面切削的最低条件是让车刀从刀架处伸出必要的长度。有些孔径、深度切削条件是很严格的。

粗切削时车刀的刀柄要尽可能粗。图①所示是车刀刀口切削之后车刀手柄下侧不堵塞孔。图②所示是内侧用的单刃车刀，它也是刀口切削下去之后刀柄进入孔里。工件是铸铁，所以不采取前角。粗切削时要能承受切削阻力，车刀的突出量有一定的最低限度，如图③所示。

粗切削、精切削时的车刀刀尖形状与外圆切削一样。图④所示的车刀是粗切削和精切削时采用。

内表面切削时车刀与外侧切削用车刀的不同点是副后角看起来没加大，完全接触孔的内面。

影响切屑排出也是内表面切削的一大特征。特别是切削不通孔的场合，粗加工时车刀要做成图⑤所示那种形状。图④所示加工用镗孔车刀也可用于不通孔和图⑥所示带阶梯孔的加工。图⑦所示是用于柄的不通孔（上）和贯通孔。

内表面切削的麻烦之处在于从外面看不见深度。这时可像图⑧那样在柄部栓划线，通过端面的线推测，以及依靠往复工作台纵向进给手柄的刻度。孔径的测量用内卡钳、卡尺（见图⑨）、塞规、内径千分尺等。但深孔测量不能使用游标卡尺和千分尺。内径千分尺价格昂贵，许多工厂不具备，于是使用卡钳测量的手法（见图⑩）就很重要了。此外在车不通孔时使用塞规需考虑空气的排除（见图⑪）。

①粗切削让刀柄粗大

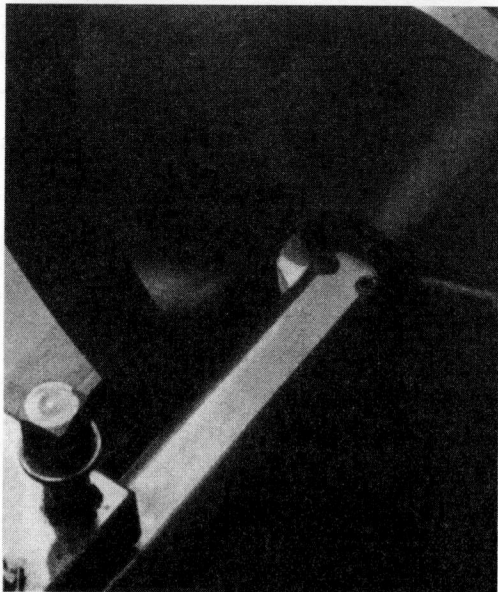

②内侧用单刃车刀

③车刀突出量限于最低

⑥加工阶梯孔也使用

⑨用卡尺的深度杆测量深度

④粗切削用(右)和精切削用(左)

⑦柄的不通孔和通孔用

⑩用内卡钳测内径

⑤粗切削不通孔所用的车刀

⑧在柄上刻线

⑪用塞规测内径

钻孔

开钻孔使用钻头。安装钻头的位置是尾座套筒。尾座套筒上钻有莫氏锥度孔，锥柄钻头或直接或通过套管嵌入该锥度孔内。

直柄钻头由钻夹头夹持（见图①），当然要把柄清理干净。

钻头的进给需要很大的力，这是因为中心的横刃不切削。所以大直径钻头的进给需要非常大的力量。此时如有图②所示的减速机构就轻松了。

尾座手柄普通作业位置为难以着力的地方，若像图③那样带有某种角度，会形成很自然的姿势。

钻孔的深度，能由尾座套筒进给螺杆的螺距、手柄的转速、旋转角度正确地确定。尾座套筒上带有尺寸刻度（见图④），该刻度也很清楚。

新车床大都在手柄上标有适应旋转角度的刻度。具有减速结构的车床也有适应减速比的刻度，如图⑤所示。

在车床上钻头成水平，因此切削液较难以达

②有减速机构的尾座

③加工方便的尾座

到钻头尖。钢材钻孔时必须充分供给切削液，如图⑥所示。钻孔途中要几次拔出钻头以进行冷却，取出切屑同时供给油。

钻头中心（横刃）是钻头进给阻力最大的地方。钻贯通孔时，钻头尖刚要拔出来时阻力立即骤减，钻头钻进残余材料又被拔出，此时有损坏钻头的情况发生，特别是在钢材钻孔时必须注意拔出时要缩小进给。

铸铁类产生剪切形切屑的材料，工件有缺口也不需那么担心，也无需切削液。请比较一下钢材（见图⑦）和铸铁（见图⑧）拔钻头时的情况。

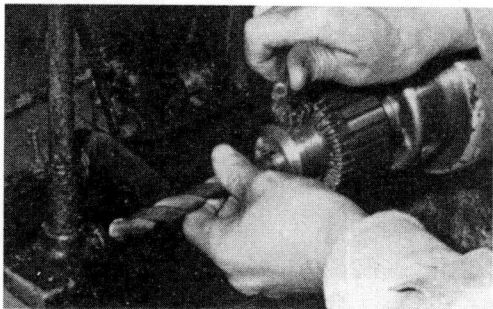

①直柄钻头用卡盘夹持

④能用尾座套筒的刻度确定尺寸

⑦钻头在钢材上退出时

⑤手柄上有两种刻度

⑧钻头在铸铁上退出时

　　细钻头长度较大时，为防止钻头到深处的振摆，也可在刀架上通过加木片在钻头附近进行支承，如图⑨所示。

　　钻头安装在往复工作台或刀架上采用机械进给是历来使用的方法，如图⑩所示也有采用防振附件的。

⑨为停止振摆，刀架上放木片

⑥钢材上加足够切削液

⑩加在往复工作台上的附件

钻中心孔

工件夹在卡盘上进行顶尖支承时，如采用两顶尖支承，工件的一个端面或两个端面必须开出中心孔。

①中心孔有各种形状，一般采用60°的孔形。如果没有特殊指定即为60°。作为车床附件的顶尖，除大型车床外也全是60°。中心钻也是如此。

▶

②要开中心孔首先需要切削工件的端面，端面即使不全部切削也要恰当切削中心部位。工件端面大都是棒状（也有锻件），其截面也决非直角而是平坦的。

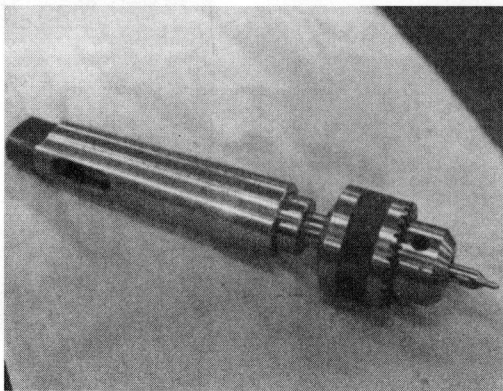

▲

③将钻夹头（小的嵌套管）嵌在尾座套筒内，要领和嵌钻头一样，让中心钻加在该钻夹头上，这也和直柄钻的场合一样。

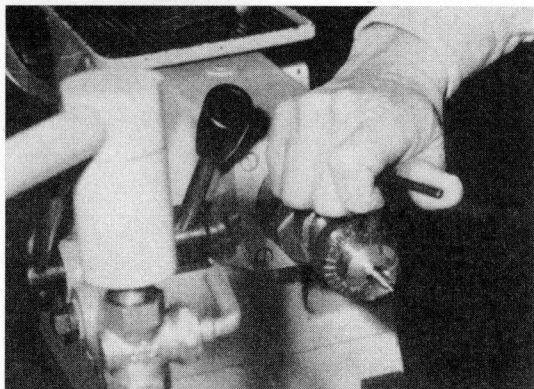

▼

④在中心钻使用次数多的情况下，中心钻加在钻夹头可始终不动，套管也嵌着不动，平时备用。

◀

⑤让尾座滑动到需要的地方，加以固定就准备好了，之后起动机床，最好用尾座手柄送进中心钻。

▶

⑦中心钻的横刃切入，切屑出来就无需担心了，要充分加注切削液。

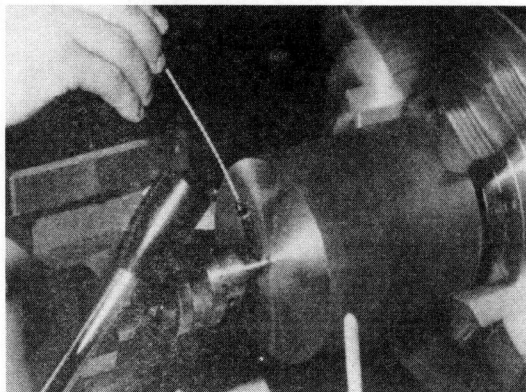

▼

⑥工件的端面并不是完全的平面。切削速度为0的中心部位用车刀推、拨，出现高低不平。中心钻尖端很敏感，接触到那里钻头会产生振动。一开始就要小心谨慎地轻轻推进钻头。

▲

⑧中心孔要紧之处是60°部分，中心钻进到那里不要立即退出，停止进给，要充分疏通好。数量多时，60°碟形部分的深度用尾座套筒刻度或手柄旋转角度使之正确一致。

◀

81

铰孔

直径较小的深孔很难用孔加工用车刀进行加工，可使用铰刀加工到指定尺寸。

直柄铰刀夹在钻卡上。铰刀仅头上的切削部分进行切削，很小的区域用多个切削刃切削，每个切削刃的切削量极其微小。

切削速度（旋转）较慢，但由于进给刃数较多，所以就变得快了。铰刀的直线部分不起切削作用，所以必须供给充分的切削液。

铰刀退刀时使之依然正转进行倒退，这与孔径、孔深无关，因为孔的尺寸是一次定好了的。

锥孔如果孔很深，也只能用铰刀，由于能进给刀架的长度有限，所以超深锥孔只能用一个锥形铰刀加工。

铰刀的切屑很细小。

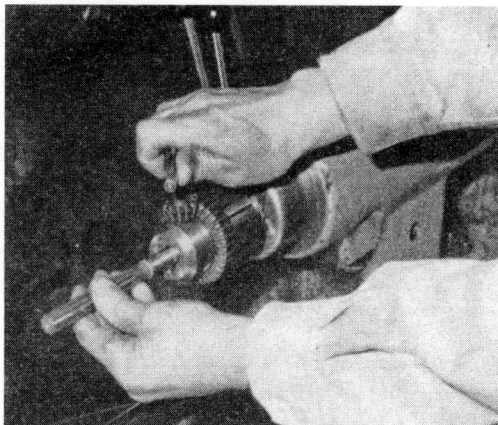

▲直柄加在钻卡上

▲充分供给切削液

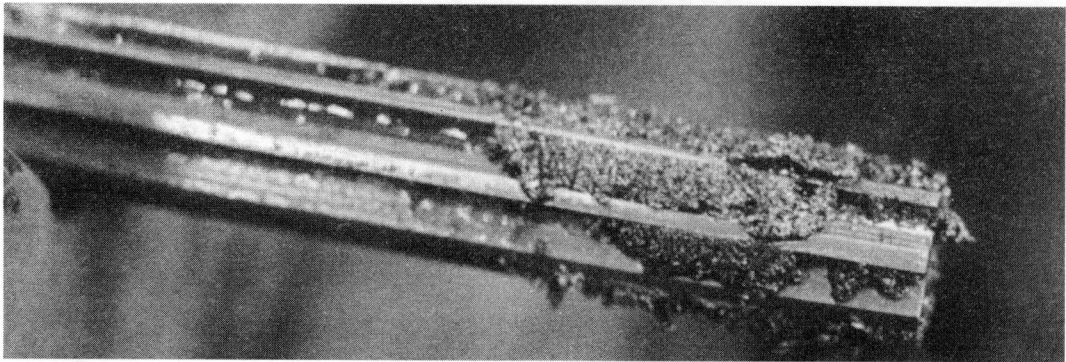

▲铰刀的切屑

82

用丝锥攻螺纹

小直径的内螺纹、用车刀切削比较困难，因为车刀没有柄。切削这种螺纹多用丝锥。

丝锥原是手工加工作业中使用的工具，丝锥的夹头（丝锥扳手）也是手工加工用的。所幸在丝锥制造上还留着必要的中心孔，所以车床作业用顶尖推压时使头锥深入螺纹孔底，丝锥得以正确、笔直地定心。

试用手支承丝锥扳手。丝锥深入到孔底，一面用右手转动尾座手柄进给丝锥，一面用丝锥扳手旋转丝锥，于是丝锥按照其螺距前进。

右手手柄的作用是使顶尖一直处于支承丝锥的顶尖孔的状态，不偏离丝锥的中心。因为不是进给丝锥，所以不得强力过分推压。

此时使倍数变换手柄处于最低速，以便车床的主轴不旋转。

因为丝锥进给 1~2 个牙后就无需推压顶尖，所以撤回顶尖，然后只用两手转动丝锥扳手。

螺纹需要到达孔底时，换上"精攻丝锥"把螺纹切到孔底。要是通孔，用"头锥"通透就可以了。

加工数量大时在钻夹上加用丝锥。此时让车床主轴的倍数变换手柄中立，用左手转动面前卡盘（工件）从而同样使丝锥旋转。这时右手转动尾座手柄，使螺纹螺距随之进给。

丝锥每转 1/4~1/3 周，稍稍使之反转以便切断切屑。

▲进去后就取下顶尖

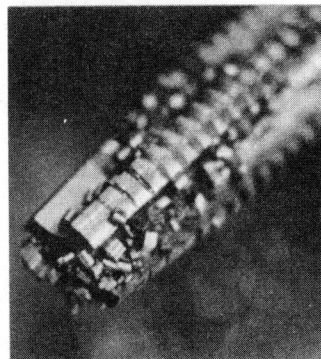
▲支承手柄推压顶尖

▲使丝锥进去

▲丝锥的切屑

螺纹车削

车床的主轴使工件旋转，往复工件台将车刀按一定比例进给切削，便可车出螺纹。就是说螺纹车削和圆柱面车削的道理相同。如果使用刀头尖锐的粗切削车刀加以大进给量车削圆柱，外周呈锯齿状，这是小螺距螺纹。

车削螺纹时要适应主轴旋转，以一定螺距进给车刀，为此进给齿轮最好那样进行组合。

螺纹螺距进给量比普通进给大，车床带有改变该速度的机构。

试考虑切削螺距为 2mm 的螺纹。将车床主轴箱的进给驱动用控制杆定为正进给，即"右旋螺纹"。根据左边盖上贴的进给表旋转机床左侧面上的旋钮，与"公制螺纹"配套，使进给齿轮箱前面左侧的旋钮对准

▼ 在切削螺纹时参考左边的进给表

	C A	C B	D A	D B	C A	C B	D A	D B
8	7	3.5	1.75		0.70	0.35	0.18	0.09
7	6.5	3.25			0.65	0.33	0.16	0.08
6	6	3	1.5	0.75	0.60	0.30	0.15	0.07
5	5.5	2.75			0.55	0.28	0.14	0.07
4	5	2.5	1.25		0.50	0.25	0.13	0.06
3	4.75				0.48	0.24	0.12	0.06
2	4.5	2.25			0.45	0.23	0.11	0.05
1	4	2	1	0.5	0.40	0.20	0.10	0.05
8	7	14	28	56	0.38	0.18	0.09	0.05
7	6½	13	26	52	0.39	0.20	0.10	0.05
6	6	12	24	48	0.42	0.21	0.11	0.05
5	5½	11	22	44	0.48	0.23	0.12	0.06
4	5	10	20	40	0.51	0.25	0.13	0.06
3	4½	9	18	38	0.54	0.27	0.13	0.07
2	4	8	16	32	0.54	0.32	0.16	0.01

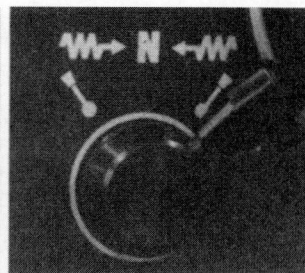

▲ 将进给驱动控制杆置于正进给

▼ 对准螺纹切削标识

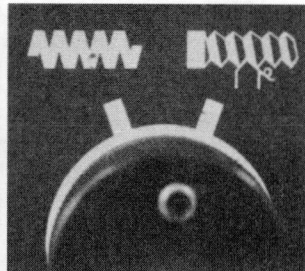

▶ 推一下左侧面的旋钮就成为公制螺纹

◀ 旋钮对准标识 M

公制螺纹"M"。其次选定螺距。按照进给表将两根小控制杆置于"B、C"位置，将大控制杆置于"1"的位置。这样螺距2mm的选择就完成了。最后使进给齿轮箱右侧的旋钮与切削螺纹标识相一致。

如此进行螺纹车削时往复工作台的进给比例就确定了。但是车削螺纹时往复工作台的进给要使对开螺母与丝杠啮合。如进给表所示切削螺纹与纵向进给的比例是10∶1，就是说圆柱切削的进给其螺纹的螺距很小。

▲开合螺母控制杆与标度盘

▲标度盘选择表

▶车削螺距为4mm的螺纹时，7对准标度盘基点，啮合开合螺母。齿数15必要时改变刻度盘和啮合齿轮。

请看85页的照片。往复工作台前面挡板上有对开螺母啮合离合控制杆。落下开合螺母用控制杆，则挡板内的开合螺母以适应主轴的某种比例与旋转中的丝杠啮合而送进往复工作台。

进而将车刀进刀至工件，在工件的外周切削出螺距为2mm的槽。

但因螺纹的螺距比圆柱切削的进给量大得多，所以仅仅1次进刀产生不了螺纹，还残留着无槽的平的地方。于是车刀在该槽（螺纹的底部）数次进刀以扩大螺纹的底部，当残余部分形成与顶部相同形状的牙顶时就成螺纹了。

适应丝杠螺距6mm，切削螺纹1、2、3到6mm公约数时，无论在哪里都将使开合螺母啮合车刀进入与前面的槽相同的地方。

然而车削其他螺距的螺纹时车刀就未必总是进入相同的地方。在啮合开合螺母时车刀入牙底，受制于螺距而只有某种固定的比例（位置）。

挡板右侧带有标度盘，它前面有表格，可以了解选择的齿数和标度盘、啮合开合螺母的位置。车削此表以外的螺距时，必须在开合螺母啮合的状态下用反转进退往复工作台。

▲螺纹车刀必须磨成螺纹牙的角度，这点
与其他车刀不同

▲车刀必须相对工件安装在正确的角度上，下面
放白纸对准定心规，从上面对着亮光看着安装

▲磨车刀时要与照片中那种定心规一致，研磨出
正确的螺纹牙型角度

▲这是切削内螺纹

核实

▲准备好后最初稍微进刀，进给一次

▲测量螺距时用螺距规。它本来是用于检查已经加工完成的螺距，但也用于加工中螺距的测量

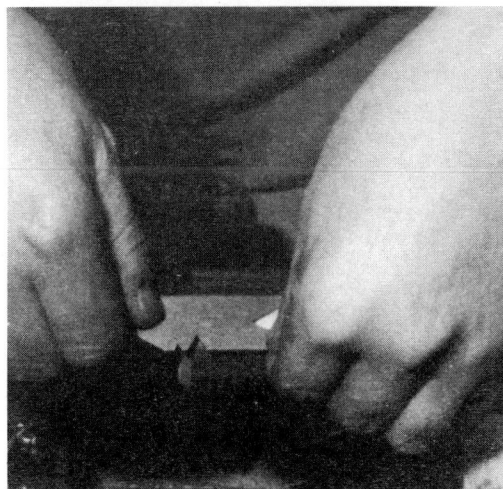

▲进给一次后在这里大致测量螺距。定心规上带有刻度，通过刻度和刻度尺测量螺距

▲这样使用定心规

87

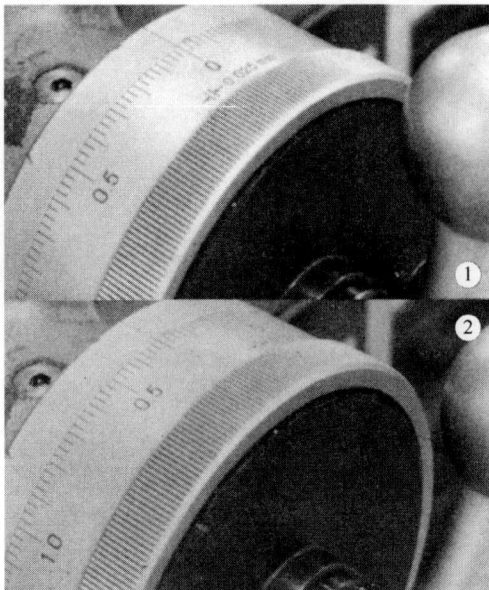

螺纹车刀笔直进刀车削出螺纹牙型两侧的斜面，车刀的切削刃需要非常大的力。车削螺纹车刀进刀时，用小滑板进给手柄控制车刀，始终用车刀一侧的切削刃进行切削。

进给1次将往复工作台复原，随后用中滑板进给手柄从①到②给出下一个进刀，同时将刀架横向从③送进到④。其比例若从螺纹牙的角度计算，如果未接近进刀量的一半以上，则反侧的切削刃接触反侧的斜面。不接近进刀量一半以上就算不上接近。

这样按顺序进刀，最后如⑤所示使两侧的切削刃工作而车削出正确螺纹牙型，螺纹牙型两侧终于车削好，出现图⑥所示那样整洁的切屑。

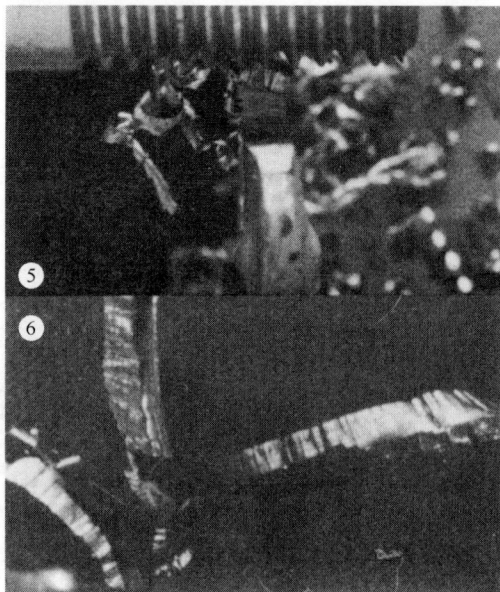

进刀方法

螺纹车削也有车刀进刀法，如图⑦所示。图⑧所示是仅以螺纹牙型的角度使刀架旋转，靠刀架手柄给出进给。这种场合退刀时用横进给手柄还原效率高。

使用硬质合金车刀时因车刀适应高负载，通常不冲向左右而笔直进刀（见图⑨）。

用硬质合金车刀切削螺纹时因切削速度快，所以结束切削（车刀退刀）很困难，可以使用如图⑩所示的退刀槽。

⑨

⑩

用高速钢车刀切削螺纹时，螺纹加工得很漂亮。螺纹车削仍然是判断车床作业技能的依据。

⑦

⑧

▲螺纹是完成切削露一手的地方

切断

切断作业往往不受欢迎，因为容易弄断车刀，车刀的安装

▶ 车刀安装如照片所示，接触工件的端面或与横刀架成直角，用角尺细致校正，很费工夫。

▶ 切断实体材料接近完成时要用一只手轻轻支承工件，然后停止旋转，用手折断。如不这样，则因车刀向轴心部的凸起进刀和被切断的工件夹住而有弄断车刀的危险。

▶ 高速钢车断刀多是这种座柄上带板状车刀。用高速钢车断刀最关键之处是顺利排除切屑。为此切削刃相对成水平稍倾斜，或像左边那样将前边的面稍倾斜。

▶ 切断中心开孔的工件时，要像照片那样把牙刷柄放入孔内支承工件，防止掉落。

▶ 切屑若是左倾（卡盘侧）挂在卡盘的卡爪上，可能被抢起来，所以前边的面倾斜，以便尽可能出向右侧（尾座侧），这样切屑在切断槽内不成团而向外流。

▶ 使用硬质合金车断刀自然会提高转速，要经常停下车刀的进给，稍稍退刀以便排出切屑。硬质合金车刀车削时切屑连续变长是很危险的，请参照高速钢车刀的排屑方法。

也比其他安装作业麻烦（不能准确成直角即会弄断）。切屑不能顺利排
出也是弄断车刀的原因。

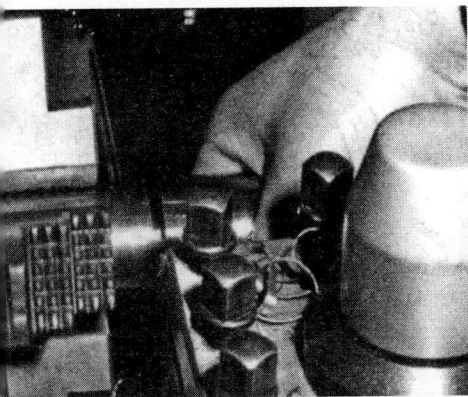

▶高速钢切断刀进给流畅，硬质合金车刀则要时时停止进给。二者加工后的切屑见照片，高速钢的切屑连续很长，只要倾斜车刀前边的面便形成漂亮的卷状。

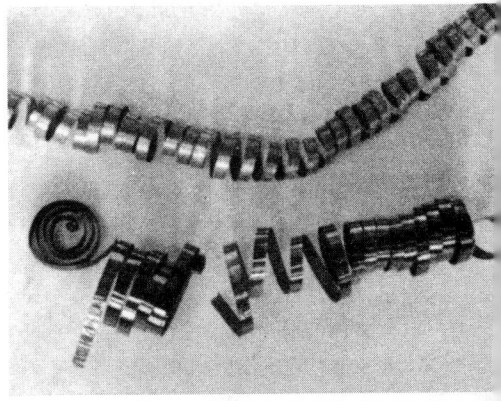

▶工件的直径加大时高速钢车刀使用反转车刀，由于切削阻力向下推压主轴，所以切削稳定。

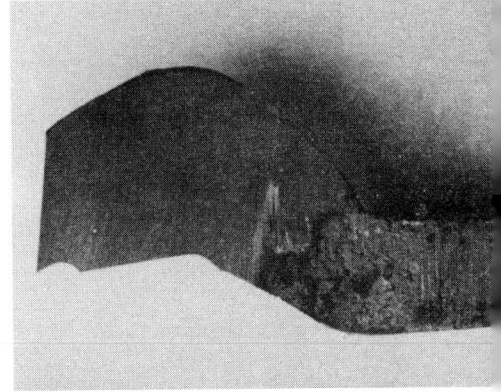

▶与反转的情况相同，像照片上那样使用车刀能进行高速度、高进给量、高效率大直径切断，切屑会被拉直。

锥体车削 ======= 各种方法

锥体车削有各种方法，它们各具特征，也各有优缺点。

让刀架倾斜的方法

让刀架倾斜这个说法是不够准确的，说让其旋转或加一定角度更为准确，但通俗说法都称为"倾斜"。

松开固定着刀架的螺母（见图①），只在必要的角度旋转（见图②）。因为是微小移动，所以用手轻敲刀架头就可以转动，出现需要的角度时（见图③）根据锥形长度退出

刀架，位置确定后（见图④）固定往复工作台不动。接下来按着横向进给手柄的刻度规定进刀，用手动进给切削（见图⑤）。

这种方法只能手动进给，所以加工面容易变得不匀，而且有小刀架（上部刀架、复式刀架）的进给台长度以上的锥形体不能切削的缺点。

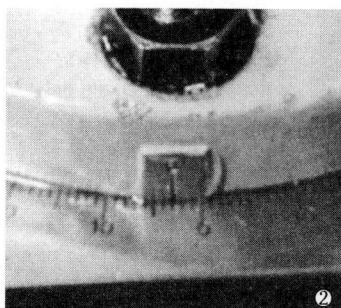

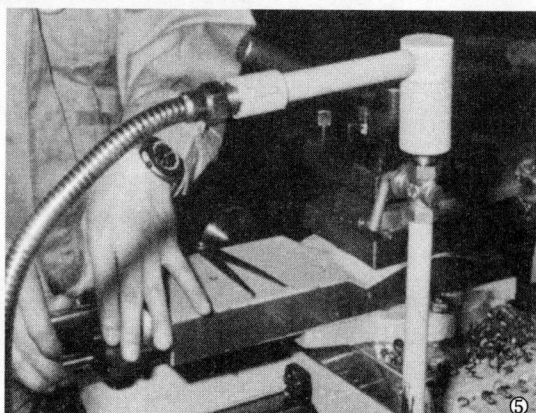

① ② ③ ④ ⑤

错开顶尖的方法

进行两顶尖支承，首先松开尾座下侧台的结合螺栓，旋转前后移动螺栓（见图⑥），使尾座上侧部分错开靠在自己这边。其移动量用手指即可感知，如果知道偏移可以像图⑦所示那样用卡尺测量。有的车床上带有刻度线（见图⑧）。移动到需要量之后就可以进给切削了（见图⑨）。

这个方法可用机械进给，优点是能切削长的锥体，但将本是笔直的顶尖错开，使两顶尖、中心孔不协调，缺点是不便于加工大型锥体。

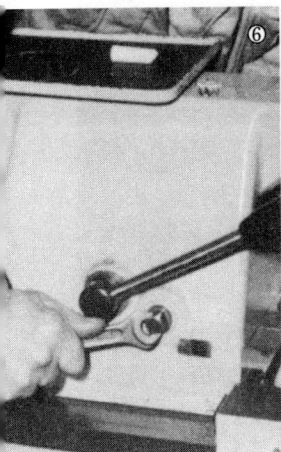
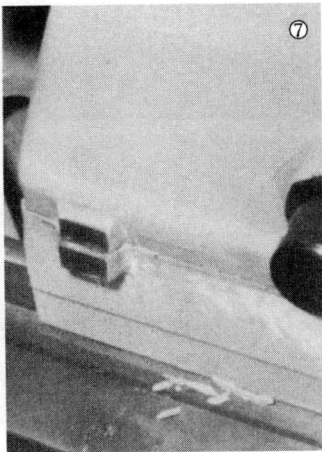

使用仿形切削的方法

采用仿形切削方法必须有仿形装置。方法是给出⑩中所需角度，然后用仿形装置进行切削（见图⑪）。这种方法没有缺点，仿形装置能切削各种长度，并且无困难。其不足之处是它的特殊装置需要费用。

锥体车削 ══════ 前进方式

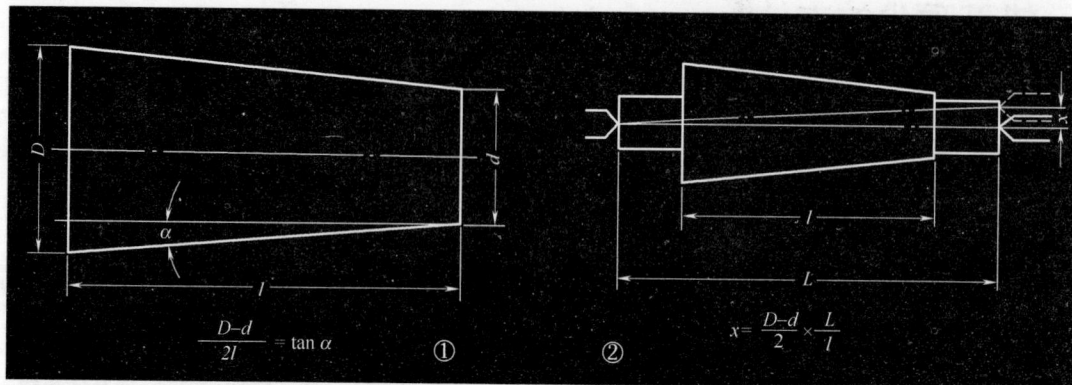

$$\frac{D-d}{2l} = \tan\alpha \qquad ①$$

$$x = \frac{D-d}{2} \times \frac{L}{l} \qquad ②$$

锥体车削最大的问题是其角度或尾座移动量的确定方法。图样上以角度指示，不管让刀架倾斜还是采用仿形切削，最好都要对准角度的刻度。如果采用移动尾座的方法，必须计算出其移动量。

锥体一般多以大直径 D、小直径 d、长度 L 表示。

不论采用什么方法都需要计算。计算方法之一是"三角函数"的计算。图①所示构成式中的 tan 用三角函数表查找，查看该种情况的角度。

两顶尖支承如图②所示。

这毕竟是计算，不论是刀架或是尾座其刻度都是粗略的，大体一致，最后还得与锥度规（见图③）一致。

首先涂粉（见图④），嵌上量规（见图⑤），向两方各转 45° 左右，通过其沾污情况检查锥体是否正确。

就这样修正，一点点切削，符合锥形时再改涂红丹漆，再一点点修正，到全面符合时锥体切削才算完成。

进刀不可出错。例如约 1/20 的莫氏锥体若使之细 1mm，则容纳约 20mm 量规。锥度配合时如果不是以最小的进刀进行就会过细。

锥度符合要求后剩下的切削余量按图⑥所示方法测量。图⑦上可以见到锥度规的基准线。

该锥度配合、切削余量的判断内外哪方面都一样。

把指示表安装在刀架上，由刀架及往复工作台的移动量得出 L，通过指示表的刻度观察 $D-d$，能正确核实锥度（见图⑧）。严格地说，此时指示表的移动量不是 L，而是构成锥度部分的斜边长度，然而其差值几乎可以忽略不计。

车削锥体时车刀的刀尖高度或千分尺测头的高度若是未能准确对正中心，则锥度不正确。尤其是切削中途重新研磨车刀时要特别注意。

③

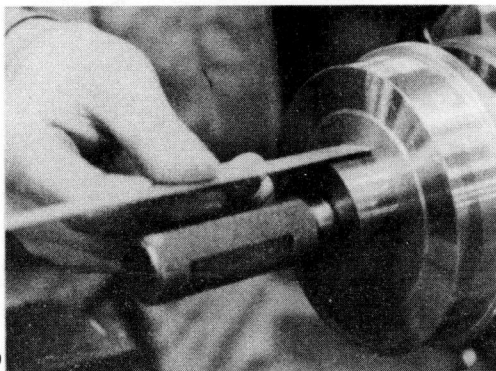

⑥

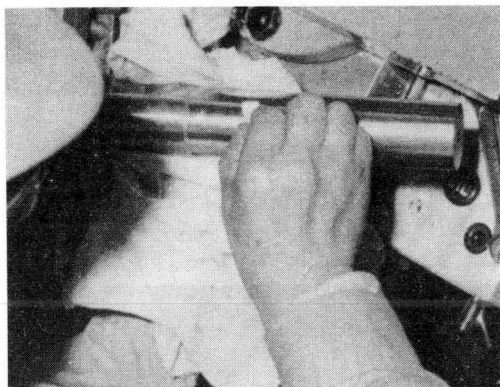

④

⑦

⑤

⑧

细长工件车削 ═══ 移动中心架

▲往复工作台上安装的移动中心架由车刀的背面支承工件，和车刀同步移动

　　移动中心架是安装在往复工作台上与工作台一起运动的装置。工件卡在卡盘上，从顶尖一端开始是移动中心架的活动范围。

　　长工件麻烦之处在于工件因自重而向下方产生挠曲，切削阻力又造成向反侧挠曲或脱落。移动中心架则在与车刀同步移动的同时由车刀背面支承工件，从而起到不出现两个挠曲的作用。

　　车刀要减少切削阻力中的背向力（例如单刃车刀）。要注意支承工件的顶杆的材质和接触状态。

　　移动中心架顶杆的接触过强或过弱时，由于工件被挤向车刀一侧或相反一侧，就会造成工件变细或变粗。随着往复工作台进给，移动中心架顶杆接触该变细部分、变粗部分，工件与以前状态相反，会松脱或挤压。这种情况反复出现的结果是工件表面周期性产生痕迹（竹节状）。

▲从顶尖开始只切削移动中心架顶杆的所需长度，得出尺寸后将两个顶杆接触该被切削面，接触顶杆的位置是车刀背面，让顶杆不强不弱地活动接触。

▶横顶杆带着向上的角度从工件下面支承。

▶纵顶杆带着向内的角度将工件从面前夹进去。

长件加工一般不进行强力切削，这是因为工件松脱和切削热使工件膨胀。不进行强力切削，工件受切削阻力影响因自重形成的挠曲比起向上松脱的量有加大的可能性。为防止此种现象发生，有的移动中心架对侧（水平的）顶杆带以角度从下面支承。另外为防止工件出到前面来，有的

上侧（垂直的）顶杆也带有角度，以便从眼前侧夹进去。

在顶尖支承长工件的场合，最需注意的是切削热造成工件膨胀而使顶尖支承过度。这样一来顶尖孔炽热而更加受到热的影响。长件加工中必须注意不断调节尾座手柄，以保持最佳状态。

▲进行长轴件弹性精加工时，要充分供给切削液，以便不弄坏加工面。当然也要注意顶杆的材质和接触状态。

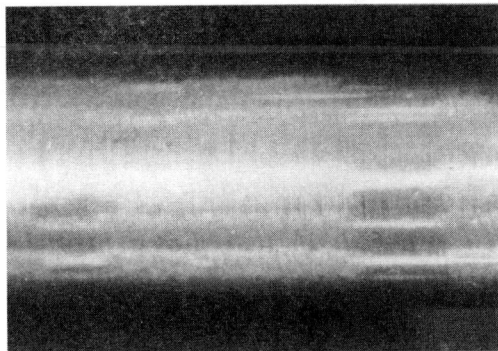

▲移动中心架的顶杆接触不良时，工件变粗、变细，周期性出现类似竹节的痕迹。

长件切削 —————— 固定中心架

固定中心架用于支承已经加工的部分，以便进行其余部分的加工。

使用固定中心架成问题的地方是 3 个支杆的定心。卡盘卡住长工件一侧，另一侧近端支承，定心很难取得基准。

定心的办法如下：首先将固定中心架安装在底座上的适当位置，放上工件，一头用卡盘卡住，然后用下面两个顶杆大致确定高度（见图①），关闭上半部分加以固定。

这样一面以车刀的高度为基准，一面目测大体上定心。然后以工件半径值大小为进给量轻轻切削端面（见图②），结果在工件中心留下突起。已知中心离开该突起直径的一半，所以打开固定中心架的上侧（可动侧），使该突起的中心与嵌在尾座上的顶尖一致即得出中心（见图③）。中心在面前错离，还有半径值未进给，这时消除突起，其进给量和半径尺寸的差即为中心偏离程度。

再次关闭固定中心架，将上侧的顶杆与工件吻合按图④所示进行切削，即完成了切削（见图⑤）。

1
2

用固定中心架时应考虑延长主轴的另一个轴承。

支承加工好的面时必须充分供油。顶杆头上要用软金属，顶杆和工件之间以皮革和其他东西为中间物体，这样来进行支承。

还有一个定心方法，就是在工件加工前即一端用卡盘卡紧，另一端用死顶尖支承，使顶杆与支承固定中心架地方的尺寸一致（见图⑥）。当然要把固定中心架固定在底座上，再紧紧固定顶杆。

固定中心架定心后3个顶杆不可以松动，打开可动侧进行工件装卸。加工数量大时要特别注意顶杆的磨损情况。

3

4

5

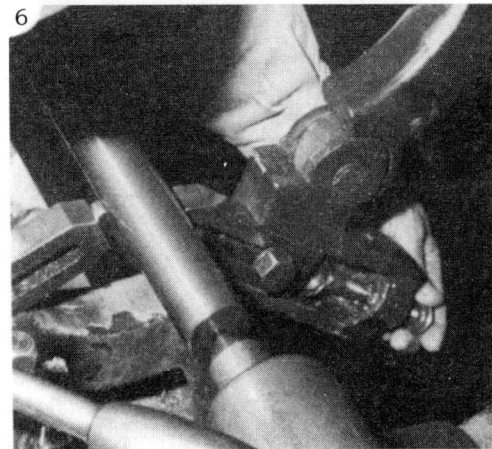

6

薄壁工件车削

薄件有两种，一是薄壁管，一是薄板。不管薄管还是薄板其作业均不特殊。

单纯的薄壁管加工是车削外表面、车削内表面，再稍微切削端面。这些切削都是按规则进行的加工。薄板切削不管多么薄，外表面是短的圆柱面切削、端面切削并无变化。

薄件切削最为麻烦，因为壁薄会发生变形。通常进行加工时只要尺寸粗略，在很大程度上就会成为废品，而成废品前的安装便非常困难，很容易产生振动。

薄件除薄管、薄板这种单纯的形状之外，还有切削部分不薄而整个工件属于薄件的，也有只是加工部分薄的情况。既是薄件，就都容易变形和振动。

影响变形的最大因素是工件的夹持方式。

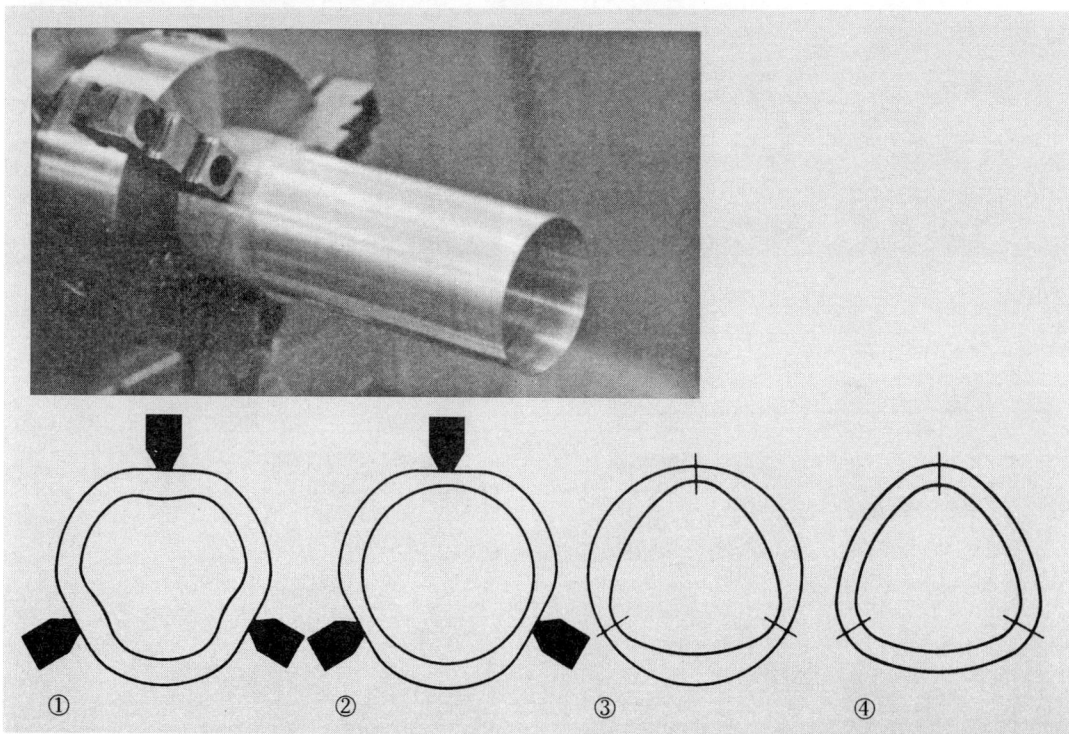

① ② ③ ④

▲即便使用自定心卡盘，也是用最小限度的力夹持。例如尽管3个卡爪以同样的力卡紧也会像①那样变形；尽管将其切削成了圆②，一离开卡盘就成③那样了；即使切削了内外侧，卡盘的紧固力如若消失，就会像④那样成了扁圆。总之薄件要尽可能轻轻夹住。

不能设想用单动卡盘能够很好地将薄管定心，因为四个爪不管哪一个用力大时仅这一点就会造成变形而成为多棱圆形。

另外一个麻烦的问题是振动。有各种防止振动的方法，一般是向内侧塞破布（纱头）。切削内侧时的办法是在外侧安上若干橡胶圈或卷上绝缘胶布。里外都能用毛刷柄支承。

薄板切削中心有孔时还较容易做。一般加工方法是钻孔，支承中心，切削外圆，取中心孔和面的中心，数次倒过来一点点切削两面。

这种场合所说夹紧外周不是用自定心卡盘等能够夹紧，而是用全周的"总工作夹具"稍微夹住。

薄件加工不管是薄管还是薄板原则上都是一点点、反复多次切削。部分薄工件也是这样。车刀变钝时会增加切削热，工件会因热变形而产生振动。

只有能够精细专注和肯花功夫，才能在 ±0.01mm 这样严苛的范围内进行加工。

▲切削外周塞纱头

▲钻孔的薄板较易加工

▲内侧切削卷上胶布

▲薄板用总工件夹具轻轻夹持住

▲部分薄壁件产生的振动

偏心工件车削

　　所说"偏心"就如字面所表示的意思"偏离中心"，对于圆来说就是"偏心圆"。

　　这种偏心工件是怎样进行加工的呢？加工量大时得制作相应的模板。这里说的是加工1个偏心件的情况。

　　形成偏心的原理很简单，要点是不出现中心的状态，就是说根据所指定的偏心量把中心向哪里偏离皆可。用单动卡盘只松开1个卡爪而将对侧卡爪卡紧就形成了偏心。

　　不过既然指定了偏心量，理应有基准的中心，所以需要最初的圆柱切削。圆柱切削完成后把4个卡爪中的某个卡爪松开。这里把偏心量定为5mm，那就把卡爪松开5mm。倍数变换手柄用最低速度推压以使主轴不转动。

　　使指示表的测头接触其一点，一面看指针，一面松卡爪，还原指定偏心量为5mm。如果已知推动卡盘卡爪的螺纹的螺距，就可以做出大致的估量。

102

▲ 首先进行圆柱切削

▲ 放松卡盘一方卡紧对方

▲ 转动卡盘确定偏心量

▲ 主轴上如有刻度更便利

► 查明面振动

► 逐步开始切削

► 切屑是这样的

► 完成

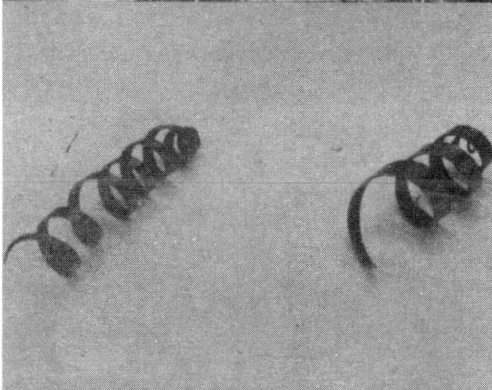

　　现在以放松前面卡爪相同的量来卡紧对侧的卡爪，其他两个卡爪则从两侧牢牢卡紧，这样一来不论松开哪个卡爪都不能活动了。这样以相同紧固程度卡紧就大体形成了指定量的偏心。

　　这时偏心量是5mm，指示表的指针在其全测量范围10mm内活动。使指示表的测头接触工件的一方，指针定为0，则一转动卡盘指针就开始转动，转半圈（即180°）来到10mm的0。如果没有，则夹紧使之转过来。

　　进而核实两侧90°的点，因为即便一方出现了偏心，说不定还会向其直角方向的那一边活动。

　　此时如果车床主轴上有刻度，以该刻度为基准，则180°的点、90°的点都能找出来。车床主轴上有多线螺纹的用其2线螺纹、4线螺纹。毫无疑问也要核实面振动。

　　之后就是切削了。因为已是偏心，最初只切削一部分，在它附近要小心谨慎切削。好不容易得出的偏心，正要切削的时候一旦工件活动就失败了。

　　大的偏心最好加平衡锤取得平衡，未取得平衡时不可使之高速旋转。偏心量小则无问题。

　　更大的偏心要合并用往复工作台横进给手柄的刻度来测量偏心量。

103

滚花加工

　　右面照片是某车床中滑板进给手柄的特写，带两种锯齿状刻纹。加工这种锯齿状刻纹的作业称为滚花作业（刻痕）。

　　这种滚花尺寸方面谈不上要求很严格，在外观和商品价值方面可以说是很复杂的。

　　照片中左侧的称为平纹，右侧的称为网纹。滚花加工的刀具是滚花刀，做成下面的形状。左边的是平纹用滚花刀，右边的是网纹用滚花刀。花纹从粗糙到细致有很多种。

　　滚花作业不是切削加工，是"塑性变形"加工，强制形成花纹，所以车床、刀具都需要相当大的力。

平纹　　　　　网纹

▲试看滚花刀的安装，稍微带点角度。放慢旋转，用横进给手柄突然用力压出痕迹。

▲进刀顺利呈锯齿状时就可以旋转进给，充分加注切削液进行润滑。

▲停止旋转观察锯齿状的情况。

▲平纹滚花作业也一样。

曲面车削

以前在招工考核中经常进行手柄把手切削，根据双手协调操作情况来判断考生的本领。没有对此进行过特殊训练而具有某种程度技能的人也可能从事这种操作。用双手同时操作中滑板进给手柄和小滑板进给手柄切削出曲面来，是车床操作者渴望掌握的技能。

这种技能简而言之就是一面观察工件的曲面，一面瞬间运用双手操作，时而左手快时而右手快。当然一只手活动时另一只手并不停下来，达到随心所欲，巧妙操作。

这也有些原则，首先在车床方面要调节好两边的垫片，做到平稳而不过松。手柄的把手不是抓住，而是以手掌整体包着，如图①所示。

曲面车削时刀架在该曲面中央成笔直状态，若达不到这种状态，则根部和前端部就用车刀侧面切削了，如图②所示。车刀要使前面成圆形向后倾斜，如图③所示。

最细处的直径确定后用刀尖为圆形的切断车刀在其尺寸附近车槽，如图④所示。可用该车刀照样车削，如图⑤所示，流利运用两手操作。大体完成时必须核对尺寸，如图⑥所示。尺寸问题很麻烦，外观也更要受到重视，切削表面应光滑（没有凹凸不平），应该是很漂亮的曲面。眼、手的反应很重要。

①用手掌包住手柄

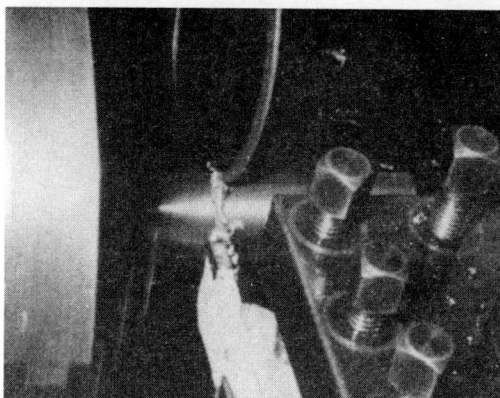
④最细处用切断刀车槽

②曲面处与刀架成直角

⑤用切断刀照样车削

③车刀前端成圆形

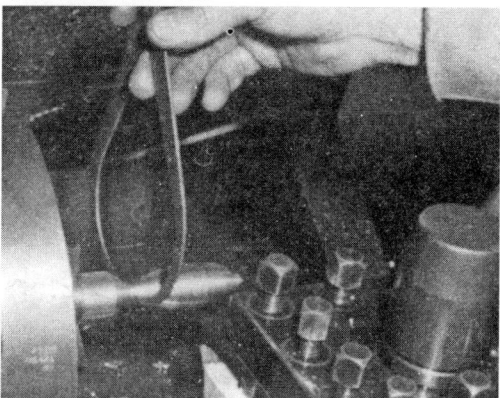
⑥要核对尺寸

用弹性车刀车削

车床若是新而且精度可靠，可用硬质合金车刀对一般工件进行精加工,这是很简单的。一般认为弹性车刀这种不稳定的刀具不能加工出真正的圆度。不过迄今为止弹性车刀也还是必不可少的，或者说还有适合使用弹性车刀的领域，长件加工、螺纹切削、切断等是其代表性的领域。

特别是较长的工件，为避免工件在高速旋转时因有挠曲度而产生离心力，以及随着高速旋转而产生切削热，因而使用弹性车刀进行加工。即便是工件较粗且耐高速旋转，但在切削刃长且进给量大的场合也还使用弹性车刀。

弹性车刀副切削刃长，安装时要非常小心谨慎。要在下面放上白纸，从上面迎着亮看着正确安装。

弹性车刀的刀尖不可高，一定要比柄的上面低，处于中心左右。

弹性加工时根据车刀弹性部位的强度确定切削用量。进给量大时因其弹性部位的作用而使刀尖退缩，因此不能产生真正的圆，弹性加工面可能形成扁圆。又因模仿弹性基底，弹性加工面也要成为扁圆。弹性车刀虽然切削精度能达到 0.01mm，然而基底若是扁圆，结果同样不能修正到 0.01mm，仍需从粗切削、中等精度切削之中切削出正确的圆。

▲切削弹性部上面弱化的车刀　　　▲宽度大而柔软的自制车轴用车刀　　　　▲自制的螺纹车刀

▲下面铺上白纸准确安装　　▲如果振动则轻压上面　　　　▲用磨石谨慎加工

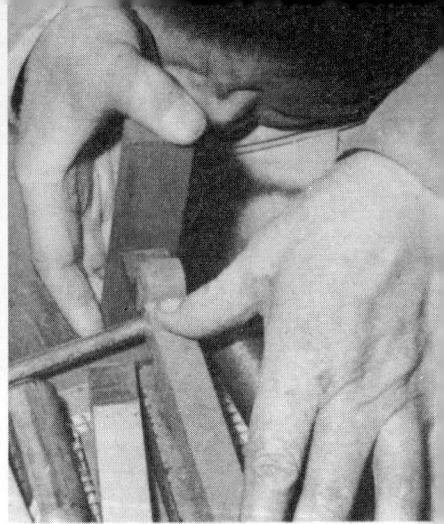

　　因为切削刃长必须充分加注切削液。进刀通常是刃宽的 2/3 左右。

　　弹性车刀上出现振摆时轻轻压刀背即可止住。弹性车刀因弹性部位的强弱不同，其效率也不相同，需根据当时条件使其强或弱。使其强时应加厚弹性部位，使其弱时则用磨床磨少弹性部位的上部。

　　熟练的操作者似乎大多自制弹性车刀，例如刃幅宽、弹性弱的长轴切削用弹性车刀、螺纹切削用弹性车刀或带硬质合金刀头的车刀一下子切成宽槽的弹性车刀。此外还有对孔进行内表面加工的弹性车刀。

　　弹性车刀不能光用磨床去磨，必须用磨石磨。

▲带超硬刀头的弹性车刀（上面带前角）　　　　▲孔的内面加工

振动

振动是指车床（主要是主轴）、工件、车刀某一个

●车床的振动

这是因为主轴及轴承出现了松动，除了维修别无他法。装备精良的车床由于某种条件（主要是负载过重）也会产生振动。72页中端面切削的场合就会出现此现象。此时熟练的操作者判断是"进给量过大"，降低转速或减少背吃刀量就会停止振动。

不过这样做效率会下降。要使效率不下降甚至提高效率，就需要解决振动的问题。

●车刀的振动

车刀振动大部分是由于安装不当。图①所示是外径大而车刀安装不稳定产生的振动面，解决方法如图②所示。如果这样做了但振动仍然不停止，则继续像图③所示那样去调整，图②则像图④那样去处理。

切断车刀也经常振动，图⑤所示是切断车刀产生的振动面。

1 3
2 4

部位的振动，也可能是 2~3 个振动的合成。

镗孔刀从其形状来看与切断车刀一样，同是容易振动的工具。伸出量要有最小限度，要缩短安装，如图⑥所示。

5

6

●工件的振动

工件在伸出量相对于直径过长的情况下会像图⑦所示出现振动。中途可改变一下进给量，但只是振动周期会改变。

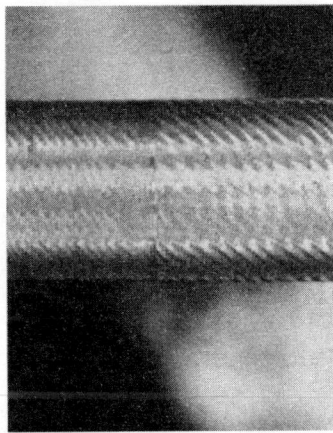

7

8

这是推压顶尖。减小背吃刀量虽然可停止振动，但效率下降。由于形状的原因，有些工件不管怎样加工仍会产生振动。

有人为加工某种工件制作了如图⑧所示的防振工具，将自定心卡盘的卡爪制成特殊形状，同时夹紧工件的根部和前端，前端的夹紧达到轻轻支承的程度。

图⑨所示是薄板焊接的工件，其像乐器中的鼓自然发生振动，在其端面和主体中央施压可以防止振动。但看起来即使做这样一个工件也是颇费功夫的。

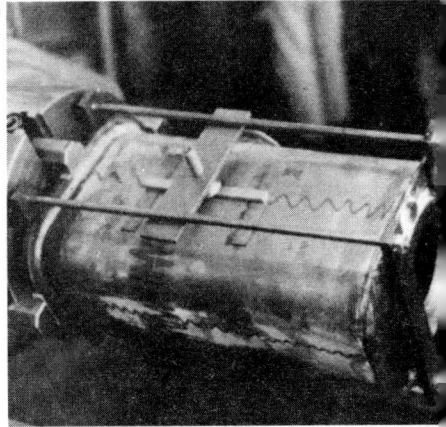

9

铸铁黑皮切削

首先切削棱角

铸件特别是铁的铸件表面是硬的。熔化的铁（熔融铁水）接触铸型表面急剧变冷而使金属组织形成坚硬的组织，加上铸型通常是砂子做的，砂子粘在铸铁的表面上也是硬的。

铸件的表面（黑皮）与圆柱等材料相比有很多很大的凸凹。

切削这样的铸铁表面时需要特别注意。原则是采用大的背吃刀量。

硬的地方背吃刀量大时切削阻力大，使背吃刀量变小，只刮表面凸起处。车刀最软部分的刀尖断断续续刮到最硬的地方，这对车刀来说是最坏的情况。可以避开最硬的地方，使软的刀尖加工软的内侧。

下面来介绍铸铁黑皮切削的过程。

黑皮还有热轧的型钢和锻造材料，黑皮性质虽有不同，但其加工原则上是一样的。

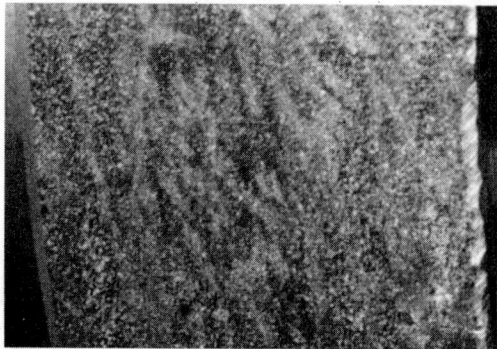

▲铸件的表面

▲先使余偏角加大的车刀（如右弯头外圆车刀）切削刃的中央部位接触工件的棱角，就是说用车刀最坚硬的部位切削掉工件最坚硬的地方。这样要尽可能使内部多露出来。

此时的车刀是硬质合金中的 K 类，它采用尽可能坚硬的材料。照片上的材料种类是最坚硬的 K01（柄后端表示的）。

▲这是切削棱角的右弯头外圆车刀，将深切变为稍浅切削端面。

▲改为拐角车刀，从露出的棱角开始进行端面切削。

▲这是用单刃车刀切削外径黑皮的情况。

▲这个弯头车刀最初以切削刃的中央刮黑皮最硬的部分，进而用照片左侧的切削刃切削端面的黑皮，用照片中尖部（右侧）的切削刃切削外周。应清楚了解切削刃的损伤情况。

▲这是切削外径黑皮时拐角车刀的磨损，吃刀量约为10mm。吃刀量约为 **10mm** 下面加的内容为

另外还有热轧钢棒及锻材需要去黑皮，即使黑皮的性质不同，处理方法也是一样的。

113

钢切削

钢的范围很广，有硬的、软的、黏性的、容易发生加工硬化的等。

钢是车床加工最多的材料。

让我们来看一看钢切削的一般特点。

钢的特征是产生带状切屑，所以若是切削速度、进给量、刀的前角不合适，蜿蜒起伏的切屑出现炽热，缠绕车刀、刀架和工件，是非常危险的！

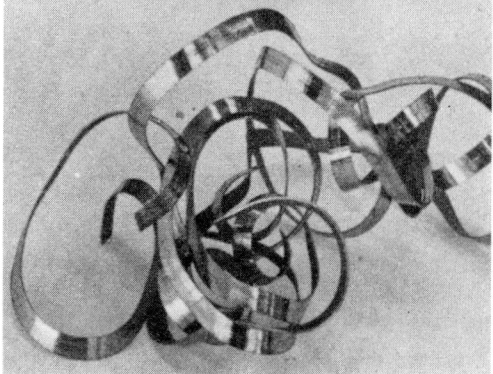

▲缠绕的切屑

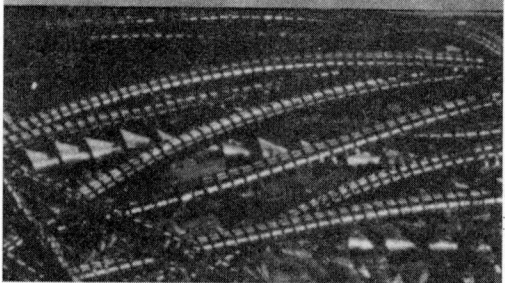

▲切屑的带和前角（高速钢车刀）

要始终注意切削速度、进给量、前角，排出切屑要干净利落。

切屑若是过长就很危险，而且切屑炽热而又坚硬。

硬质合金车刀上磨出断屑槽，将切屑在接触前刀面的阶段被折断。用这种折断切屑的方法使切屑落到适当的地方去，要比切屑往脸的方向飞来更安全。硬质合金车刀用 P 类材料（参照第 66 页）。

钢切削最大的问题是积屑瘤。积屑瘤是因切削时的高温和切屑与车刀之间的高压而包在刀尖上的东西（工件的一部分），也可以说是熔化的东西。

尽管材料相同，但切屑瘤比切屑硬，切屑瘤附在刀尖上有保护刀尖的作用。但积屑瘤先是成为圆形，用圆的尖端切削工件，会影响切削面加工质量。

积屑瘤生成→成长→脱落在短时间反复进行。在此过程中产生脱落的积屑瘤时，硬积屑瘤在干净的切屑内面产生缺痕，由该缺痕可了解积屑瘤从生成到脱落的长度。

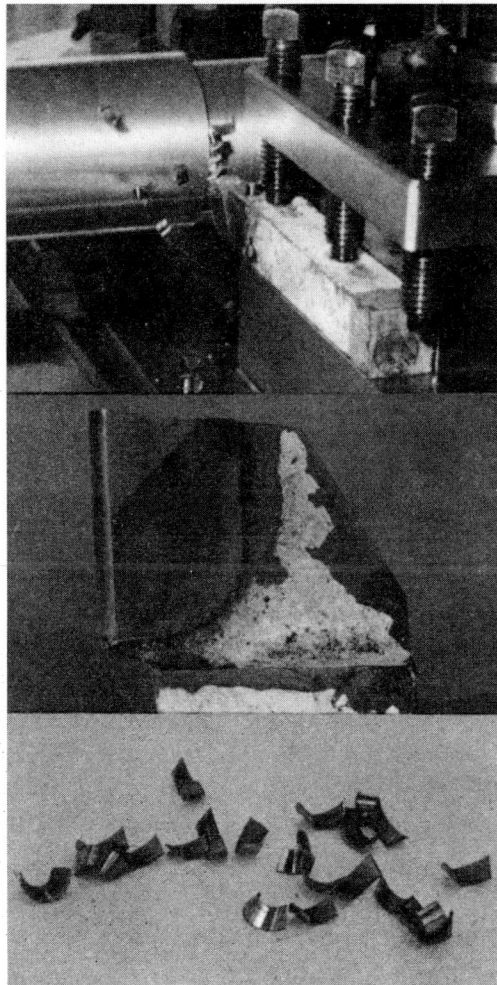
▲断屑槽和切屑

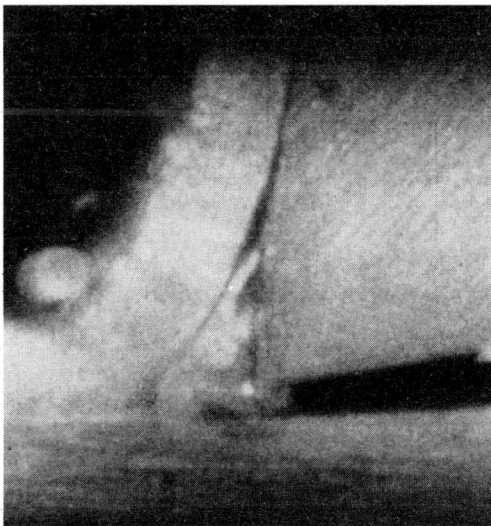
▲积屑瘤

▲这是花盘作业的代表性装置，大致是在放射状上钻有长孔，用螺栓安装工件、角铁、平衡锤等。

本照片中的装置是把角铁安装在花盘上，该角铁安装着工件。

▲花盘相同，螺栓孔开成放射状，为了定心方便也有带同心圆的。按工件情况开了需要的孔之后，明显切削出大的半径圆弧的一部分，而且是该半径尺寸范围的严格加工系列。把顶尖杆放入主轴孔，测量从那里开始的尺寸，当然必须准确了解顶尖杆的直径，而且不要忘记其一半为负。

花盘操作

卡盘不能卡，或者即使能卡但加工部分的定心很难，花盘就是这样的情况。

花盘作业当前遇到的问题是定心，需要找到能够很好定心的安装孔。图②~④所示为有基准面，无需担心端面摆动。不过像图①所示那样端面摆动的定心也很难做，往角铁上安装就已经很困难。进行这类安装，定心时间为切削时间的 10 倍也不稀奇。

花盘作业是加工非圆工件时的作业，完成定心后一定要取得平衡，否则对车床的主轴有不好的影响，也加工不出尺寸精度高的产品。图①~④所示为安装了平衡锤使其平衡。

▲即便没有花盘，也有一种用适当材料制作而让卡盘卡住的方法，即在等距离的间隔上设置螺纹。

▲也有这种安装方法，即花盘的安装与拆卸和卡盘、拨盘完全一样。

▲这是在卡盘面上设置安装用螺孔，它既是自定心卡盘，而在用安装孔时却又类似于花盘作业。

硬质合金刀具的标准车削用量 刀具寿命60min

工件材料	抗拉强度及硬度/(kg/mm²)	精加工切削(进给量为0.05~0.2mm/r)				中等精度切削加工(进给量为0.2~0.8mm/r)				粗加工(进给量为0.8mm/r以上)			
		JIS使用分类	刀尖形状 前角	后角	切削速度/(m/min)	JIS使用分类	刀尖形状 前角	后角	切削速度/(m/min)	JIS使用分类	刀尖形状 前角	后角	切削速度/(m/min)
钢	50~70	P01 P10 K10	10~15	8~10	120~230	P10 P20 K20	8~12	6~8	100~180	P20 P30 (K20)	6~12	6	50~150
钢	0~150				50~140				70~140				40~100
调质钢	150~180	K10	-15~0	8	20~40		-15~0	6	10~30				
铸钢	50~70	P01 P10 K10	10~12	8	80~180	P10 P20 K20	8~10	6	60~130	P20 P30 (K20)	6	6	30~90
不锈钢	60~70	P10 K10 M10	12~15	10	70~120	P20 M20	12	8	40~100	P30 M30	8~10	6	20~70
高锰钢	90~110	M10 P20	4	8	8~20	M20	2	6	8~20				
铸铁	180~300 HBW	K01 K10	4~6	8	80~120	K01 K10 K20	4	6	60~110	K10 K20		6	50~90
可锻铸铁	220> HBW	P10 P20	10	8	80~110	P20	6		70~90	P20 P30	6		50~70
激冷铸件	65~90 HS	K01 K10	0	10	10~20	K10		6	5~15				
铜合金 特殊 铝青铜	50~120 HBW	K01 K10	10~20	10	500~900	K10 K20	8~15	10	200~800	K20	6~12	8	150~650
铝 轻合金	40~120 HBW		20~25	10~12	450~3,000	K10 K10 K20	15~20	8	200~2,000	K10 K20 M10	15~20	8~10	150~1,000
钨铬钴合金	42~54 HRC	K01 K10	0~6	0~4	10~40	K01 K10	0~4	2~4	5~20				
耐蚀耐热镍基合金	80~100	K01 K10 P20	8	8	10~20	K01 K10 P20	8	8	10~20	加工耐蚀耐热镍基合金的场合,最好尽量用0.15mm/r以下的进给量			
钛(纯)	200> H	K01 K10	10	8	90~120	K10	20	10	70~100	K10 (M10)	6	6	400<
木材		K10 K20	15~25	12~15	600<	K10 K20 K30	12~25	12~15	500<	K20 K30 K40	10~20	8~12	200~400
塑料		K01 K10	10~20	10~20	300~1,000	K01 K10 K20	10~15	10	200~800	K10 K20	10~15	8~10	150~600

data sheet

高速钢刀具的标准车削用量

工件材料	粗加工 使用车刀 A	B	切削液	车刀形状 前角	横向前角	副后角	横向后角	进刀/mm	进给量/(mm/r)	速度/(m/min)	精加工 使用车刀 A	B	切削液	车刀形状 前角	横向前角	副后角	横向后角	进刀/mm	进给量/(mm/r)	速度/(m/min)	螺纹车削 使用车刀 A	B	切削液	速度/(m/min)	车断 使用车刀 A	B	切削液	车刀形状 前角	副后角	进刀/mm	速度(外周)/(m/min)
软质铸铁	SKH4	SKH3	C	14	15	8	10	2.0~4.5	0.3~0.7	27~36	SKH4	SKH10	C	14	15	8	10	0.3~1.0	0.15~0.4	36~45	SKH10	SKH4 SKH55	C,D	7~12							
硬质铸铁	SKH4	SKH3	C	5	8	4	6	2.0~4.5	0.3~0.7	18~27	SKH4	SKH10	C	5	8	4	6	0.3~1.0	0.15~0.4	27~38	SKH10	SKH4 SKH55	C,D	5~8							
可锻铸铁	SKH4	SKH3	C	5	12	8	10	2.0~4.5	0.3~0.7	27~36	SKH4	SKH10	C	5	12	8	10	0.3~1.0	0.15~0.4	35~45	SKH10	SKH4 SKH55	C,D	5~8							
软钢	SKH5	SKH4	C,B	16~20	18~22	8	12	2.0~4.5	0.3~0.7	45~61	SKH5	SKH4	C	16~20	18~22	8	12	0.3~1.0	0.15~0.4	68~91	SKH10	SKH4 SKH55	C,D	9~18	SKH10	SKH5	B,C	23~28	5~8	0.05~0.1	50~70
半硬钢	SKH5	SKH4	C,B	13~16	14~17	8	10	2.0~4.5	0.3~0.7	38~53	SKH5	SKH4	C	13~16	14~17	8	10	0.3~1.0	0.15~0.4	61~83	SKH10	SKH4 SKH55	C,D	7~15	SKH10	SKH5	B,C	20~25	5~8	0.05~0.1	40~60
硬钢	SKH4	SKH10	C	8~12	10~14	6	8	2.0~4.5	0.3~0.7	28~34	SKH5	SKH4	C	8~12	12~14	6	10	0.3~1.0	0.15~0.4	53~76	SKH10	SKH4 SKH55	C,D	6~12	SKH10	SKH5	C,D	18~23	5~8	0.05~0.1	20~40
不锈钢(奥氏体系列)	SKH5	SKH4	C,D	0~10	20~30	7~10	7~8	2.0~4.5	0.3~0.7	18~25	SKH5	SKH4	C,D	0~10	20~30	7~10	7~8	0.3~1.0	0.15~0.4	30~45	SKH10	SKH4	C,D	4~10	SKH10	SKH5	B,C	23~28	5~8	0.05~0.1	20~40
铝	SKH5	SKH4	无,C	30	15	8	10	2.0~4.5	0.3~0.7	45~68	SKH5	SKH4	C	30~35	15	8	10	0.2~0.5	0.15~0.4	100~120	SKH10	SKH4 SKH55	C,D	7~15	SKH10	SKH5	C	25~30	7~8	0.05~0.2	60~80
青铜·黄铜	SKH5	SKH4	无,C	0~3		8	10	2.0~4.5	0.3~0.7	68~93	SKH4	SKH10	C	0~3		8	10	0.2~0.5	0.15~0.4	100~120	SKH10	SKH4 SKH55	C,D	7~12	SKH10	SKH5	C	0~8	5~8	0.1~0.2	50~70

注：①使用车刀符号 A:首先推荐的车刀钢种,B:其次推荐钢种；②切削液符号 A:水溶性切削液,B:乳化油,C:动植物油,D:高压润滑油

车床加工精度的检查方法

（单位：mm）

检查事项	测量方法	测量方法图	工件尺寸（大约）						公差	
			车床种类	底座上的振动	d	l	l_0		圆度	圆柱度
外周切削精度	将工件安装在卡盘上，移动工作台进行精加工。在与轴构成间隔为45°的四个平面内，测量两端的 a、c 点及中央的 b 点（注1）的直径，求四个值的最大差，把其中最大的值定为圆度的测定值。并求同一平面内直径的最大差，将其最大的值定为圆柱的测量值。	（注3）	工具车床	—	60	150	15		0.005	0.01
			普通车床	<300	60	150	15		0.01	0.02
				300~500	70	200	15		0.01	0.02
				500~750	90	300	20		0.015	0.03
				750~1000	120	300	20		0.015	0.03
				1000~1500	180	500	25		0.02	0.04
				1500~2000	250	500	25		0.02	0.04

检查事项	测量方法	测量方法图	工件尺寸（大约）			公差（注4）
			车床种类	底座上的振动	d	平面度
面切削精度	把工件安装在卡盘上，移动中滑板进行精加工。在切削表面上成互成直角的两个方向求加工面和基准面（如直尺）的距离的最大差，将较大的值换算（注2）后的工件端面中心点的值定为平面度的测量值。	$d_0 \approx \dfrac{d}{2}$（注3）	工具车床	<300	底座上的振动 $\dfrac{2D}{3}$	相对直径 0.01
				300~500	200	相对直径 0.01
			普通车床	<300	底座上的振动 $\dfrac{2D}{3}$	相对直径 0.02
				300~500	250	相对直径 0.02
				500~750	300	相对直径 0.02
				750~1000	400	相对直径 0.02
				1000~1500	500	相对直径 0.03
				1500~2000	500	相对直径 0.03

注(1) 测量点选择无塌边的地方　　注(3) g 尽可能取小值

注(2) 换算值 $= \dfrac{d}{d-d_0} \times$（距离的最大差）　　注(4) 不构成中高

备考(1) 所说最大差是说根据所指定的测量方法所得的最大值与最小值的差。

　　(2) 使用工具，工件材料及切削条件适当确定，但最终加工的背吃刀量在0.2mm以下。

车床静态精度的检查方法

(单位：mm)

检查事项	测量方法	测量方法图	工具车床	普通车床底座上的振动		
				<500	500~1000	1000~2000
主轴振动	使指示器接触主轴的花盘、卡盘等的安装部，将主轴旋转中读数的最大差定为测量值		0.005	0.01	0.02	0.02
主轴法兰盘端面的跳动	使指示器接触在主轴法兰盘端面的外周附近，求主轴旋转中读数的最大值 其次将指示器相对于主轴移向反侧进行同样的测量，把读数最大差中较大的值定为测量值		0.01	0.015	0.02	0.02
顶尖的振动	将顶尖嵌入主轴孔或套筒孔，使指示器与顶尖圆锥面成直角接触，将主轴旋转中读数的最大差定为测量值。此时相关主轴用顶尖支承		0.01	0.015	0.02	0.02

车床的操作方向

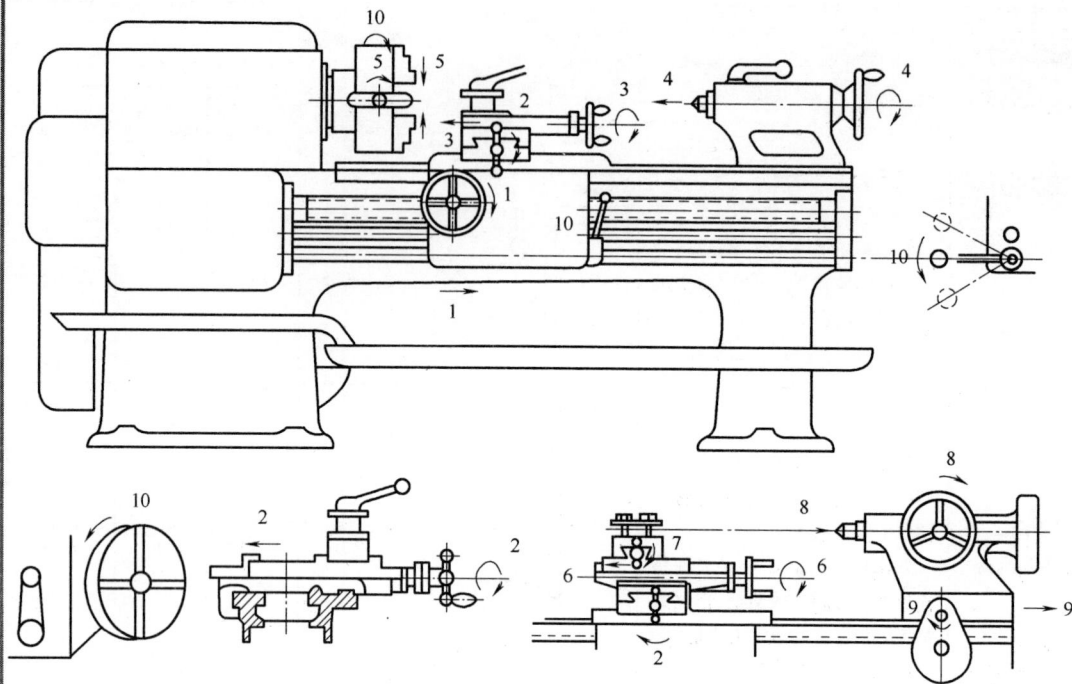

序　号	操作元件		操作对象	
	名　称	旋转方向	名　称	运动方向
1	转向盘	顺时针方向	工作台	向右
2	手柄	顺时针方向	中滑板	向对侧
3	手柄	顺时针方向	刀架	向左
4	转向盘	顺时针方向	尾座套筒	向左
5	扳手	顺时针方向	卡盘的卡爪	向顶尖方向
6	手柄	顺时针方向	上刀架	向左
7	手柄	顺时针方向	大型刀架	向对侧
8	转向盘	顺时针方向	尾座套筒	向右
9	手柄	顺时针方向	尾座	向右
10	控制杆	向下	主轴旋转	逆时针方向

鉴定要求

设立技能鉴定制度，就是经鉴定合格便被公认为具有某项技能的制度。

技能鉴定的考试有学科和实际技能两个方面。关于学科考试有各种免考条件，实际技能则没有免考条件，考试必须合格。

技能鉴定的实际技能试题，是把操作作业大致全部吸收了进来，正是因为这样，在一定时间内把该题做完才有意义。操作的集成受加工工程的影响很大。下面介绍一个标准试题供研讨。

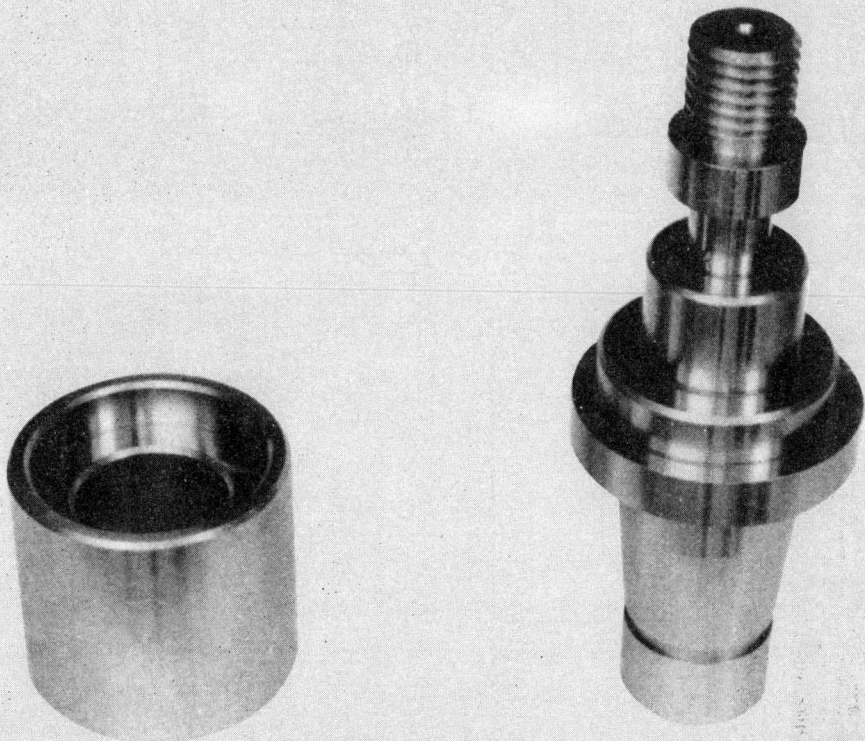

技能鉴定二级普通车工实际技能试题作品

123

●考题

制作下图所示的零件①、②,请按组装图组合。

1.零件材料

材料为 S35C,零件①为 $\phi60mm \times 150mm$,零件②为 $\phi60mm \times 57mm$,孔的内径为 $\phi25mml$

2.考试时间

标准时间为 3h,不超过 3.5h

① ▽▽▽ (▽▽ ▽)

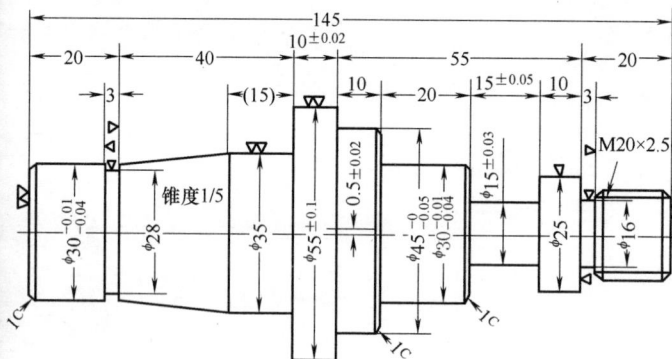

② ▽▽▽ (▽▽ ▽)

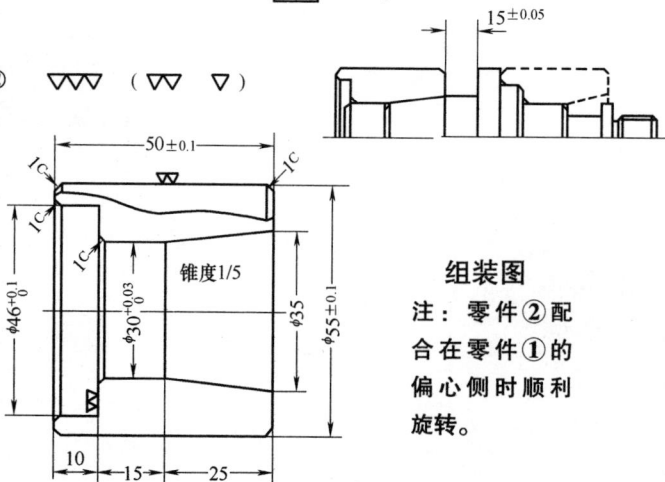

组装图

注：零件②配合在零件①的偏心侧时顺利旋转。

〔注意事项〕

1.无指示时倒角取 $C0.3$。

2.拐角部也可带 0.5mm 以下的圆角。

3.螺纹两端的倒角用螺纹切削车刀可靠取得。

4.加工时要十分注意零件①及②的同心度。

5.零件②两端面的平行度公差为0.05mm。

6.零件①的两轴端带中心孔,易坏。

7.尺寸差无指示处加工到 JIS 的普通尺寸公差中级程度（下表）。

（单位:mm）

公称尺寸的范围	尺寸公差
1～4	±0.1
4～16	±0.2
16～63	±0.3
63～250	±0.5

●使用工具

区　分		名　称	尺寸及规格	数　量	备　注
参加鉴定者自带	刀具及其他	外径切削用　　　　　（粗加工）		2	1. 车刀刀柄尺寸取 19mm
		〃　　　　　　　　（精加工）		2	以下
		侧面切削用右偏车刀　（粗加工）		1	2. 车刀品种可使用硬质合金
		〃　　　　　　　（精加工）		1	高速钢的某一种
		〃　　　"左偏车刀"（粗加工）		1	3. 不可使用成形车刀
		〃　　　　　　　〃		1	4. 可用刀夹
		切断刀		2	5. 可以使用多刃刀片车刀,
		螺纹退刀槽加工车刀	刃宽 3mm 以下	1	但不得交换刀片位置
		外螺纹车刀　　　　（粗加工）	60°用	1	6. 左记车刀种类和数量作为
		〃　　　　　　　（精加工）	〃	1	参考, 19 支以内可如左记
		内径切削用　　　　（粗加工）		2	
		〃　　　　　　　（精加工）		2	
		倒角车刀　　　　　（外径用）		1	
		〃　　　　　　　（内径用）		1	
		磨石		1	
		硬质合金用手磨石		1	
		锉	200mm 以上的油光扁锉	1	
		钢丝刷		必要量	用于去毛边
		车刀垫块		1	
		钳子		1	
		防尘眼镜		1	
	量具	外径千分尺	0.01 刻度　0 ~ 25mm	1	用于排除切屑
		〃	〃　　25 ~ 50mm	1	
		〃	〃　　50 ~ 75mm	1	
		内径千分尺	〃　　18 ~ 35mm	1	
		游标卡尺	150mm 或 200mm	1	
		外卡钳		2	也可用塞规代替
		内卡钳	150mm	1	
		刻度尺	0.01 刻度	1	
		指示表	60°	1	
		中心规		1	带柄

区　分		名　称	尺寸及规格	数　量	备　注
考场准备	机床	卧式车床	电动机直接式 两顶尖最大距离 500 ~ 1500mm	1	
	刀具及其他	卡盘	单动卡盘	1	
		卡盘手柄		1	
		卡盘用垫片	铜板　板厚 1.2 ~ 2.3mm	1 组	卡盘卡爪超硬式
		固定顶尖		1	
		回旋顶尖		1	手柄式
		钻夹头		1	作为安装在卡盘上的安装车
		中心钻	2 ~ 3mm	1	刀用
		扳手		必要数	
		套筒扳手		1	含轴承台
		划线盘	必须考虑振摆	1	
		木锤	400 × 800mm	1	铜、铅、塑料锤也可
		工作整理台		1	
		切削液		若干	
		注油器		1	
		毛刷		1	切削液用
		刷子		1	切削液注液用
		光明丹等		若干	
		除切屑棒		1	用于配合锥部清除切屑用
		扫帚		若干	
		机油		1	
		油壶			
		清洗油	灯油或汽油	若干	内径及清洗用, 装入适当容
					器, 此外备清洗产品
	量具	棉纱		若干	
		螺纹环规砂	M20 × 2.5 丝锥	1	螺纹量规也可

鉴定合格的技巧

要在规定时间内完成鉴定试题有各种技巧，如以熟练技能为前提的技巧，初学者能可靠操作的技巧，一次鉴定就能通过的技巧，从形状、尺寸上对判分影响小的地方进行判断的技巧，能够清楚说明原理的技巧。

本来希望把若干技巧全都介绍以供读者参考，由于篇幅有限只能谈一两个问题。

如果掌握了各种加工操作要素，不管有无技能鉴定资格都可以用试题来检验一下自己的技能程度。一般来说，有鉴定资格理应鉴定合格。鉴定合格在薪金评定、工作分配等方面会进行考虑。所以要掌握最合适的程序和技能。

（一）废品也合格★★★★★★★★★★★

鉴定必须对任何人都平等，鉴定结果不可以受考评员主观看法和感情的影响。为公平起见，全国采用统一题目，使用一定精度以上的车床，使用形状相同的工具，全国实行统一评分标准。

由于受实际鉴定的考场、设备、时间的限制，只能根据现有条件打分，在现有条件

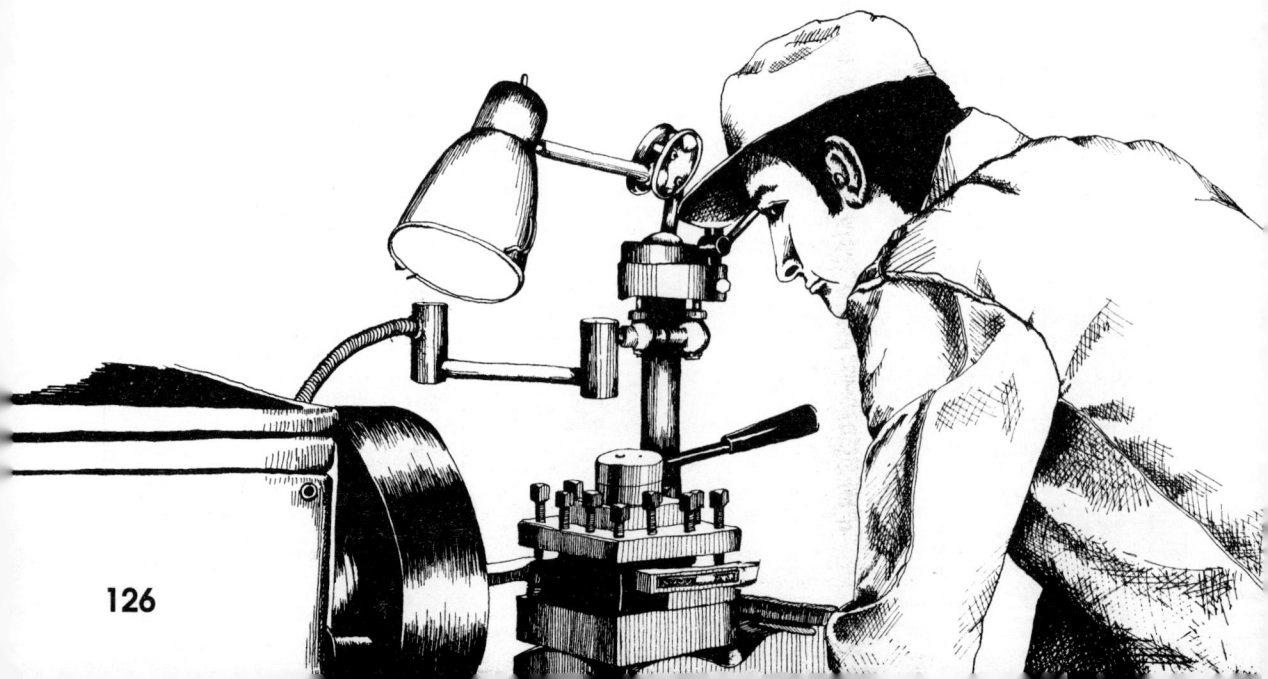

以外的加工部分即使完全类似废品也不会扣分而算合格。

(二) 窍门是善于"偷工减料" ★★★

试以锥体为例。锥体的大直径、小直径是不可能测量的。通常是在图样上指定角度及其范围。然而如鉴定的场合那样，大直径、锥体长度若是一般公差，则锥体角度本身有很大的变动范围。当然在实际加工中无需指示，花时间计算角度毫无意义。锥体的打分要考虑与测量的配合接触情况。

要切削锥体，当然得事先计算好使复式刀架旋转的角度等。复式刀架旋转角度的分度值普通是 $1°$ 。用分度值为 $1°$ 的刻度能读 $1°$ 以下的值，最多不超过 $15'$ （ $(1/4)°$ ） $\sim20'$ （ $(1/2)°$ ）。要正确得出以上这些角度是无意义的。与其那样，不如让复式刀架旋转，以其相同状态加工内锥面和外锥面。这样做配合正好吻合。

课题中采用了多种尺寸，实际上有些测量起来很困难（不可能），这也是常用的窍门领域。

(三) 这里是考点 ★★★★★★★★★★★★

应该注意哪些问题呢？按照常规是达到图样上限定的部分即为合格。如果进入限定范围即为满分。这和实际工作中达到一定要求是一样的。

其次在考题中内锥面和外锥面必须共同翻转。实际生产中则应尽可能避免翻转，因为效率不高。必须谨慎进行该翻转时的定心，特别是阳的翻转。凸缘部分的端面摆动要控制在最小限度。否则阳的凸缘宽度、锥孔的全长即使都进入界限内，装配时的空隙也不包括在限度之内。

偏心部的定心不仅要注意偏心量还要注意端面振摆，同时必须在限定范围内考虑两者的尺寸，以便与内锥孔侧组合时不会卡住。

卡钳特别是内径卡钳的使用必须熟练。测量内侧的量具太贵，由于技术上的原因又容易产生较大的误差，所以到现在仍旧使用着卡钳。有些部分还必须用内卡钳在界限内进行测量。

(四) 加工操作态度也被扣分 ★★★★★

从教育思想的观点考虑，对不良的加工态度也进行打分。在主轴旋转过程中更换刀具，把手指伸进工件孔里是不允许的，这是原则。划线盘的针尖不向下放置，用手取出切屑，在工件前面放置工具和量具，从安全方面考虑都是不可以的。就是说不利于安全的操作都是不能做，在鉴定中也应按要求做。

为保证精度，使用量具时必须遵守原则，不能让量具触碰刀具等或掉落。

使产品掉落而成废品（或有成废品的危险）要扣分，即使是掉在木制的台子上也不例外。

1. 取坯料 80mm 处卡紧。

2. 车完端面之后，粗车外径至 ϕ50mm 至卡盘边缘。

3. 粗车外径 ϕ36mm × 59l。

4. 粗车外径 ϕ31mm × 19l。

5. 翻转，装入卡盘用垫片，突出长度约为 95mm，在工序 2 加工好的端面处定心以消除外周振摆、端面振摆。

6. 粗车外径 ϕ56mm。

7. 凸缘部的厚度留 11mm，外周粗切削 ϕ47mm，朝向凸缘长度定为 76mm。

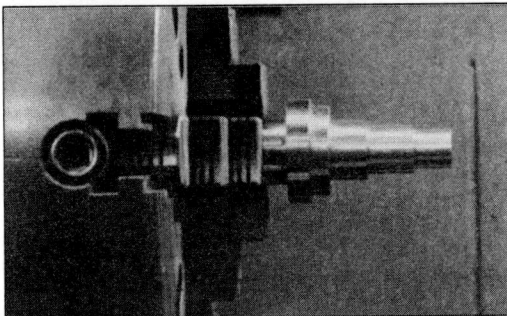

8. 粗车外径 $\phi31mm \times 66mm$l。

9. 粗车外径 $\phi26mm \times 46mm$l。

10. 粗车外径 $\phi17mm \times 21mm$l。

11. 粗车槽至 $\phi21mm \times 14mm$。

12. 车削退刀槽 $\phi16mm$。

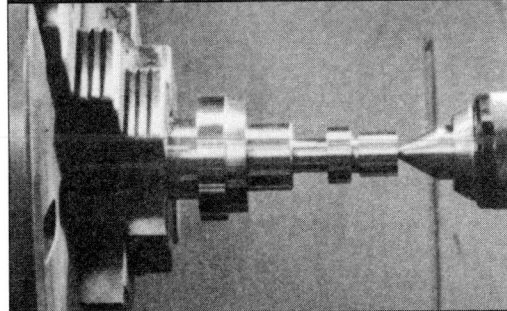

13. 看中心孔。

14. 推压顶尖。

15. 粗车 $\phi55mm$、$\phi30mm$、$\phi25mm$。

16. 精车 $\phi55mm$、$\phi30mm$、$\phi25mm$ 的侧面，定纵向尺寸。

17. 精车 $\phi20mm$ 螺纹部外径、槽部、槽宽。

18. $\phi30mm$ 部倒角 $C1$。

19. 螺纹车削。

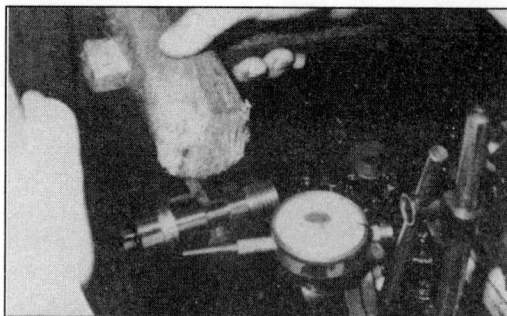

20. 偏心的定心，外周、端面振摆的定心要谨慎，因为一有中心振摆倒角就很显眼。
21. 偏心部的精加工，倒角。

22. 翻转。
23. 观察中心孔，推压顶尖。
24. 从 $\phi 36mm$ 途中进刀，精车 $\phi 35mm$、$\phi 30mm$，确定凸缘宽度，精加工凸缘端面。
25. 入槽。

26. 使复式刀架旋转，以手动进给粗车锥体部。

27. 用凸缘端面开始的尺寸确定锥体部的进刀。
28. 精车锥体部。
29. $\phi 30mm$ 部倒角。

1. 粗车夹持部分在 10mm 左右夹紧，用孔定心。
2. 粗车外径 φ56mm 到卡盘边缘，端面切削，端面精加工。
3. 精车孔径 φ30mm。

4. 用旋转状态的复式刀架切削锥孔，反转，再用车刀向下的正转切削孔的对侧。

5. 在进行过锥孔精加工处嵌上加工好的轴。

6. 用游标卡尺测量凹槽的端面和凸缘之间的尺寸，核实凹槽端面的切削余量。

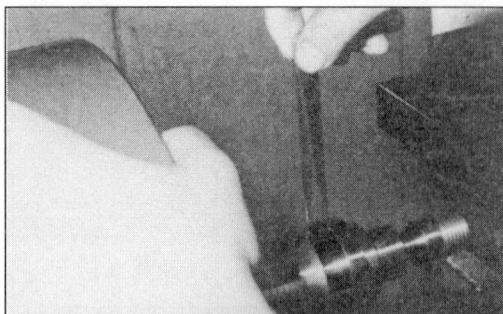

7. 切削端面，与轴凸缘间距定为 15mm ± 0.05mm。用卡钳核实其界限，然后倒角。

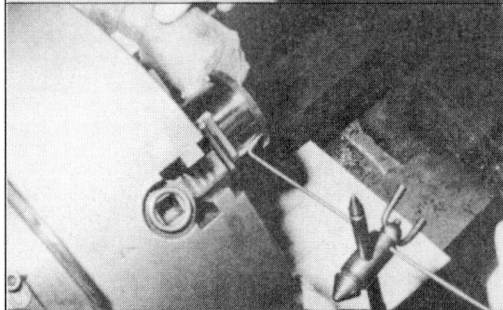

8. 翻转定心，端面振摆是由工序 2 切削残留部产生的。

9. 精车外径 ϕ55mm，定全长。

10. 粗车 ϕ46mm，然后精车，内侧两个地方、外侧一个地方的倒角 C1。

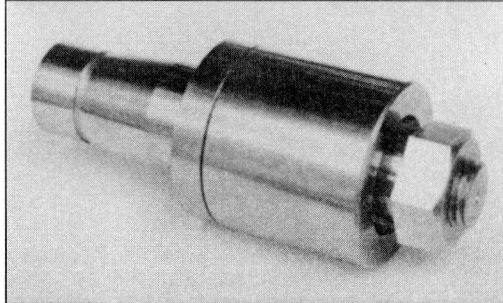

11. 使轴与套配合。

创意

● 为了使用得更好

　　车床操作不限于只能处理目前为止所述的基本作业。事实上生产现场有各种各样的难题等待处理，它们都是通过历来的创意发明来解决的，总有人发明创造出更实用的工具。

　　从设法保持工件、研究确定尺寸开始，在现场中开发制作了非常多的工具、量具，其中有些已由厂家作为产品生产销售。

　　现场作业人员精心创造了大量产品，这里仅列出极小的一部分请读者来欣赏。

自制的均衡器　请看 138 页

往复工作台的制动器

▲ 最简单的制动器。由1~4根棒组成。棒的进出通过松动螺栓来调整。虽然难于进行微调，但因制造简单，历来为各处自制使用。

制动器的英文名称是在"stop"后加"er"，它有各种用途。

它可以用作安全装置。以前的往复工作台靠近主轴时有危险。新车床大都有制动器，当进给阻力增加时往复工作台的进给便会停止。对车床作业来说制动器是必备的。

在车床作业中为使纵向尺寸一致，工件保持在相同位置上，以同样的车刀工作于几个相同的场合，制动器总让往复工作台在同一位置停止。

车床的直径尺寸较易微调，但纵向上却很难确定尺寸。最近的车床尽管带着纵向的刻度，也难以保证达到正确的尺寸。

正是由于有此种需要，人们从很早开始就进行种种构想，想开发能确定纵向尺寸的往复工作台的制动器。

制动器归根到底是确定尺寸的装置，所以在车床进给的过程中接触制动器，开动安全装置停止进给后使用都是不可以的。要在即将接触制动器之前停止进给，之后用手动进给，在产生接触制动器的感觉时停止进给。这样做保持0.01mm的尺寸精度并不困难。

最近几年车床生产商已把制动器作为附件带在车床上了。

▲ 制动器是能进行微调的装置，原理与千分尺相同。螺栓外周有等分的刻度，与主体的基线相配合进行细微调整，根据螺纹的螺距可调整0.01mm。

▲ 转塔车床转台的制动器采用这种方式。其方法是把制动器制成卷筒形，通过滚筒旋转使用完的制动器退到往复工作台的上方。

▲ 这种滚筒用于把用完的制动器靠滚筒旋转退开。必须不接触往复工作台，为此在往复工作台上安装长而突出的棒接触制动器。

▲这是应用千分尺的原理。1 个刻度间隔定为 0.05mm，但也能微调到 1 个刻度以下。即嵌入加长套环，嵌入必要的辅助棒，准备 99 根加长辅助棒。辅助棒上有中心孔，由于中心退开，所以能正确取得长度尺寸。

135

定长度尺寸

用纵向进给的控制器确定尺寸能以主轴侧为基准，但也有一些过长的工件以尾座侧为基准确定长度尺寸的情况。

大体上长轴工件设计得纵向尺寸能在某处退出。直径的尺寸容易测量，长的尺寸测量其测量器价格既贵且难于操作，工件自身也很受温度的影响。因此长件的纵向长度在尺寸上多半场合是粗略的。

长件的尺寸可用以下方法确定。

图①所示是底座的正侧面贴上钢制卷尺（凸面卷尺）。底座和往复工作台的床鞍由底座和滑鞍的 V 形槽引导，底座的侧面错开，那里贴着卷尺。在往复工作台那边（可以是右边）安上基线或指针，则精确度为 1mm（如果熟练可达0.5mm）的纵向尺寸能在车床进给的同时加以确定。左侧出现的是 35 页中介绍过的控制器。

图②所示是使用相同的钢卷尺，能进行简单的安装和拆卸。把卷尺的壳放进往复工作台上自制的保持罩中，卷尺的头部用螺栓固定在底座上面右边（照片的右端）。

刻线如设在往复工作台上面的罩上，在车床进给过程中纵向尺寸仍能准确确定到 0.5mm。比起图①所示，其优点是尺寸易读，卷尺拆除后还可用于本来用途。

① 底座的正侧面贴上凸面卷尺

② 凸面卷尺放进保持罩里安装

①安装控制器作为中滑板

图①所示是将与纵向控制器（134页）结构一样的装置作为中滑板安装在床鞍上。但它是直径场合，请不要忘记用控制器调节的尺寸要加倍。

纵向控制器也能应用图②所示那种使用指示表的方法。

某种数量的加工场合，不使刀架旋转，用相同车刀切削时，将指示表安装在磁性表架上，放在往复工作台的某个容易观察的地方，能将横向滑台的移动量定到 0.01mm 的精确度。这种方法没有自制的东西，要使用原来的装置。

②用指示表确定中滑板的移动量

各种夹具

1 均衡器

这是在未淬火自定心卡盘卡爪上（42页）代替未淬火卡爪安装的"均衡器"。它是让平衡装置有卡紧力（使之均匀化）的装置。

它把3处的夹紧力变成6处。这是以卡爪为中心的，用于夹紧薄壁工件。

2 在 12 个地方夹紧的均衡器

这是把 1 中的均衡器增加在前、后两个地方，于是在12个地方夹紧。本来这种均衡器应在薄件切削（100页）的薄壁管或振动（110页）的地方介绍，但因不是基本作业，而是自制生产的设备，所以在这里介绍了。

3 薄板的夹具

这是用于装夹薄板的夹具。在将几张薄的板材相叠，进行内侧轻切削时使用。

138

置，现介绍如下几种。

如果将单动卡盘上固定丝杠的一端制成标准螺纹(右旋)，另一端制成左旋螺纹，一个动作便可使两爪得到联动。

4 加工偏心件时用的夹具

在偏心件加工（102 页）处已经提到，但这里是偏心用的通用夹具。它是用紧固工件的夹具夹紧圆棒，使该工件夹具全部偏心。

偏心量通过引导槽和进给螺纹及其刻度能自由微调，当然也要安装平衡锤。

5 二爪联动卡盘

这是二爪联动卡盘。它是在三个卡爪的自定心卡盘不能卡紧而四爪的单动卡盘定心又费时间时所用的装置。

安装在尾座上的设备

① 扳牙安装在自动夹具上

* * *

　　这是紧密贴合在安装于尾座上的活顶尖直线部的法兰盘，在它上面安装小型自定心卡盘，在自定心卡盘的卡爪上装着长而宽的支架（见图②）。

　　它是把直径大、伸出很长的薄壁材料的前端从内侧加以支承。110页中制止振动的工具是很实用的。装在自定心卡盘卡爪上的支架可以进行各种改变。

　　车床作业中手工作业多的是由丝锥、扳牙进行的螺纹切削。丝锥现在仍常使用。丝锥的自动空转装置以前是现场自制出来的，现已作为产品销售，自制的近来不怎么见到了。

　　外螺纹的扳牙使用很少，市场销售也不多。在小螺纹方面像①那种扳牙的保持架现在还广为使用，加工数量一致还是比较方便的。刀架用4把车刀全占满时也可以。扳牙进刀产生的移动量要用尾座上的手柄进行追踪。

② 作为薄壁材料支架防止振动

车床保养

●日常检修与安全作业

"车床只要能使用就行"，是这样吗？可是同样是使用，有的人受伤，有的人却干不了。身体的伤与车床的伤（精度下降、寿命短、破损）是有关联的。

"不能让你用这个车床！"这是熟练操作者对新手常说的话。那也很自然，此话是好是坏另当别论，只是在通往技能提高的道路上要掌握人身安全、车床保养的知识。

即使没毛病也要经常把车床保养在最佳状态，操作者应能自觉地养成良好习惯。

安全

使用机床作业充满危险，只有穿戴安全才能工作。请注意以下事项：

上衣袖口和衣服下摆一定要收紧。凸凹不平的卡盘是旋转的，很容易挂上。

留着过长的头发时务必要戴上帽子，头发很容易被旋转中的东西挂住。外周粗糙、切削不良的切削面和长而连续的切屑都易造成事故。

保护眼睛也是绝对必要的。切削钢材时炽热的切屑乱飞很危险，所以要把眼睛保护好。

脚要穿安全鞋，这种鞋有点硬，形状多少有些难看，但请不要介意。安全鞋的鞋头放入了热处理过的钢片，重的工件和工具等即使误掉下来或者鞋底踩了切屑和刀具等也不要紧。这些安全上的规范在 JIS 中都有规定。

要戴作业帽,不要用扎头布等代替

长发容易被车床缠住

戴眼镜以防切屑和切削液飞进眼睛

在车间工作即使最讲究穿衣服的人也要穿上工作服,任何作业都要保证安全

上衣和袖口的扣子牢牢系住,被车床卷进去会很危险

操作机床时不要戴手套

内衣露出会发生意外

不要悬挂手巾等

安全鞋内侧加入经热处理的钢板

不能穿拖鞋、木屐等,要穿安全鞋

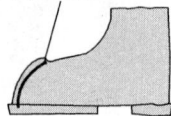

▲ 把袖口扣紧，头戴帽子，戴上保护眼镜

这是车工的标准装束

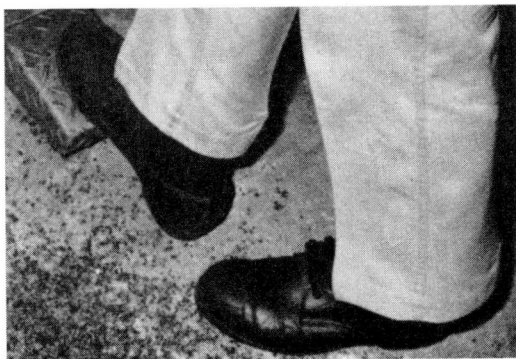

▲ 新车床大都有制动器反转用开关，即便如此，车床的转动也不会停下来。老机床上没有制动器，请不要做这种事，只会弄伤自己的手。

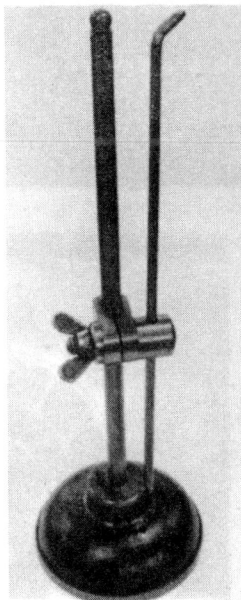

▲ 平衡规用于定心时是经常使用的，请养成用完平衡规要像照片那样尖头朝下放置的习惯，理由无需说明。尖头如处横向或朝上的状态是很危险的。如果放平衡规的方法不规范（危险），在技能鉴定时也要扣分。

143

给油·注油

每天使用车床，眼睛可看见的滑动部分和旋转部分必须每天注一次油。给主轴箱和往复工作

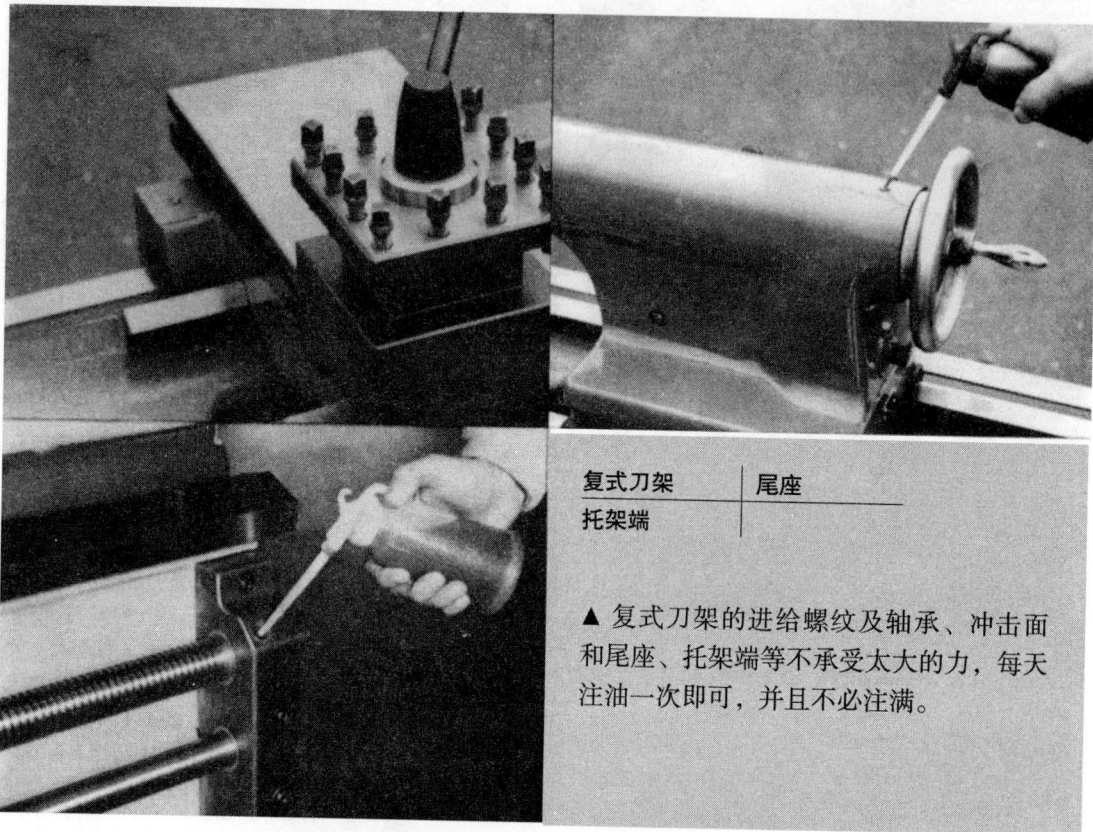

| 复式刀架 | 尾座 |
| 托架端 | |

▲ 复式刀架的进给螺纹及轴承、冲击面和尾座、托架端等不承受太大的力，每天注油一次即可，并且不必注满。

▶重要的地方是主轴箱，主轴箱的润滑大致是用泵把油罐的油送到必要部位，所以开关若是打开，可从主轴箱的窗口处进行核实，液压泵如果工作，则油从上面经该窗流下。

台注油时最好使用车床制造厂指定的油剂。

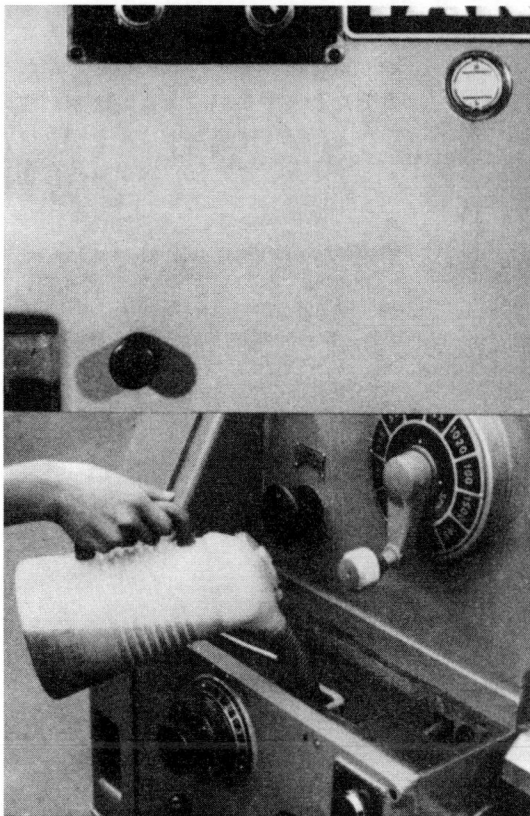

油量计和排油口
油的补充

往复工作台的注油
手动泵

▲ 要经常在主轴箱下面的窗口处检查油量。油面在 H 和 L 线之间就可以了。当然运动过程中油会到处流动而使油面下降，请在起动前看好。油经使用后（变化）会变污浊。如不及时变换、补充，车床寿命就会缩短。注意要在主轴箱排油口排出油之后再补充。

▲ 也要向往复工作台的垫板注油。往复工作台的油随往复工作台运动后会自动地供给到各必要的部位。不过有时是在往复工作台固定状态下作业，此时 1 天两次分左右用手泵让油达到各处。

电气

车床不供给电就不能工作。电是眼睛看不见的，所以有闪电标识的地方通常要回避，闪电标识表示此处有电。不过只要使用正确方法，电也决不是可怕的东西。打开盖来看，电源开关一定是关闭的，只要通过它来操控就不可怕。工作结束后必须把电源开关关闭。

首先关闭电源开关

▶有各种电源开关。右侧开关右边的"on"表示打开，左侧开关的"off"表示关闭。下面电流计的指针摆动表示电流流动（使用中）。

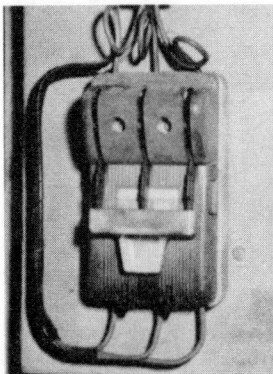

然后打开有"↯"标识的盖子

▶关闭电源开关，打开车床后面的盖，其中有些乱七八糟的东西，但这不表示电很难对付，其实很简单。

146

这里不可以摆弄

▶ 这是开关，布
满电气间。

机械间里有用途的是这 2 个

▲ 这是电流断路器，是过负载保护车床电动机的设备，一旦给电动机加额定功率以上的功率，它就断开，是在骤然反转或强力切削时发生的。车床要是不转动，大多数情况请检查此处。要是断开了，推上去又通电了。虽然带有刻度，但它不可以转动。

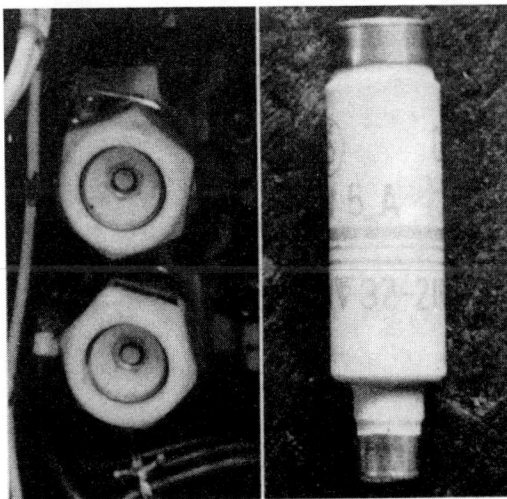

▲ 还有一个是保险丝。采用陶制的盖，里面放入右边那种保险丝。车床如果不转动了，请检查这三根保险丝。不得放进规定以外的保险丝。

147

清扫

当工作结束离开车床时请清扫车床。此外在完成某一作业开始新的作业时也要大致进行清扫。

清扫没什么特别的，最好是从高处按顺序往下面进行清扫。

最大的问题是底座滑动面，要使往复工作台左右滑动用纱头擦拭。

往复工作台上带着滑动片，防止底座面和往复工作台之间进入垃圾。

不过进行黑皮切削、铸铁切削时细小的铸铁切屑会出乎意料地进入狭窄的地方。

主轴孔要很好擦拭。

虽说交换齿轮放在罩里，但也要把齿面清理干净。滑动片也要打扫干净。

清扫完了的车床只要不再工作就把往复工作台靠到右边，因为底座的中部最好不承载负荷。

◀ 往复工作台的滑动片

◀ 铸铁细小切屑

◀ 清扫交换齿轮

◀ 往复工作台紧靠右放

应用实例

●车床的应用作业

车床既是基本机床，同时在应用上又是万能机床。这里只介绍部分应用。

这里介绍的仅是其功能中的很小一部分，这些应用按说如果用专用机床效率会更高，可是并非任何人在任何地方都有条件做到，所以使用车床的人必须了解它的其他应用。熟练使用车床，能有效地将其代替其他机床进行加工，可以认为它是部万能机。

这样的球也能制作，请看 150 页

球面车削

如何用车床车削球面呢？

可以像106页的曲面车削那样使用双手进行操作。不过这需要熟练的技术，获得正确的球面和准确的尺寸是极其困难的。

1 制作球体

使控制杆左右旋转

车刀高度调节螺纹

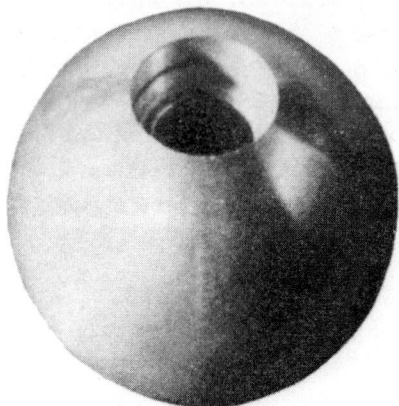

▲用车床也能加工出这样的球

弹簧

固定刀架

▲上面的球是用此装置制作的

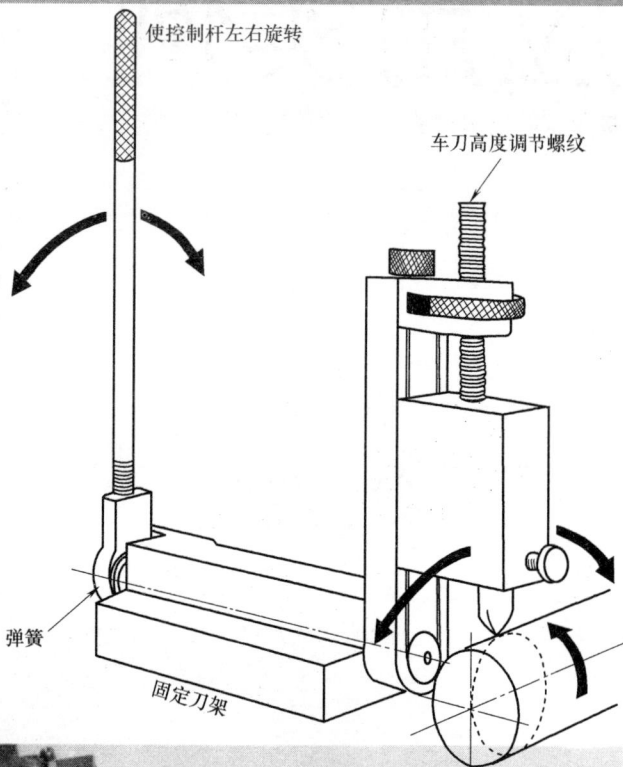

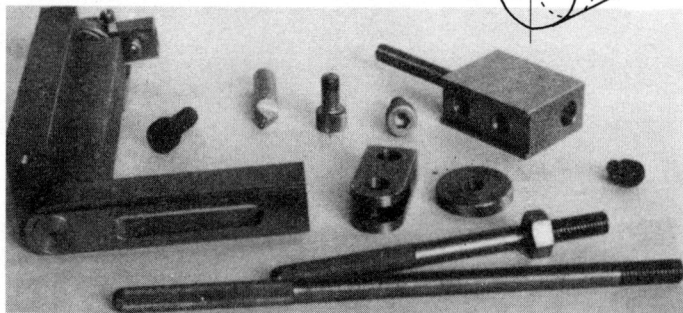

▲此装置由这些零件构成

当然需要有车削球面的装置。

例如步骤 1 中的零件，不管中央的孔如何，其外侧的球形几乎接近完美的球形，尺寸也不是很大。这种程度的加工对象用图片所示自制装置很方便。球面是让控制杆左右旋转来制作的，车刀在工件上侧旋转，在上侧对准中心，车刀上下滑动，通过实测确定工件加工面的圆度。

制作大的球面（部分）有步骤 2 所示的装置。这是让车刀横向进给（端面切削），加之车床进给时，往复工作台与以固定在底座对面的支柱为中心旋转的臂相结合，从而往复工作台被推到右边，车刀刀尖画圆，工件旋转，结果就成了球面（部分）。

因为臂的长度能够调节，所以由该长度形成正确尺寸。非常大的半径无法测量，除了用量规对照别无他法。

如果是两个球面中间的尺寸，把铣床上使用的圆形工作台放在取下刀架的往复工作台上，手动进给圆形工作台就能车削球面了。这种场合车刀也要水平安装。

车削球面时，车刀的刀尖若不正确，进入中心后则不能用进刀预测尺寸，这与锥体切削一样。

2 制作半径较大的球面

仿形车削

让车刀模仿靠模切削出与之相同的形状称为"仿形车削"。

以前是拆下刀架的横进给螺纹机构，用秤砣向底座对面一侧牵引刀架，在那里放上靠模，进给刀架沿着它前后活动的"仿形车削"。这样的仿形车削只能加工平缓的曲面和锥体。

现在使用液压仿形装置，不用说直角，就是更大角度的仿形车削也能完成。

现在有三种方式的仿形车削，分别规定了各种仿形车削车刀的规格。

仿形装置在刀架对面一侧，对车刀按角度（普通为30°）安装，用反转车削。首先把靠模支承在底座对面一侧的两顶尖上，因能调整前后倾斜，所以如把圆柱做成靠模加以角度，也能形成锥体车削。

开始是粗车削，为此使靠模指与靠模的最大直径处相吻合，在其位置上使车刀接触外周定位。之后用普通的横向进给手柄从头

▲将靠模固定在仿形装置的两顶尖上

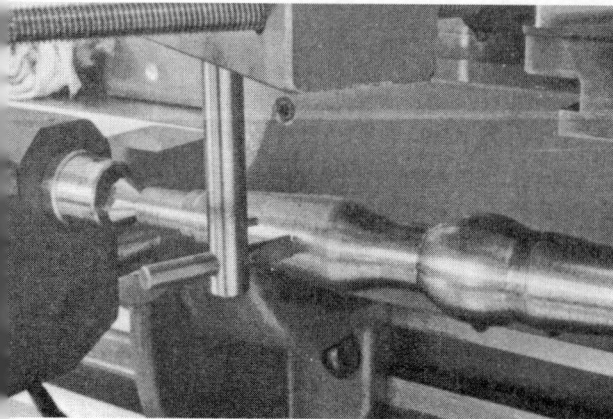

▲靠模指与靠模的最大直径吻合

▲在与靠模相同的位置把车刀放在被切削工件上

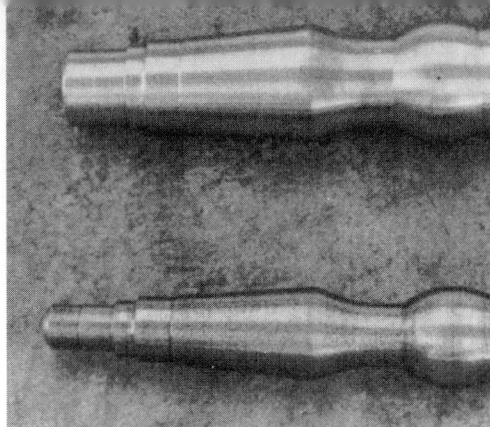

▲成品（上）与靠模（下）

寸则另当别论。为了让尺寸也一致，还必须进行一次测量。测量最大直径、两端、直线部，调节靠模的角度与之相合。用手柄的刻度确定进刀位置，之后即可车削出相同尺寸的成品。

仿形车刀的进出是依靠伸出到上面来的长操纵杆进行操作。

横进给方向（端面切削）的仿形车削是通过靠模板改变该仿形装置的角度进行的。

▲纺形车削中的车刀

适当进刀，同时加以进给。

随着靠模指的运动，用液压把力扩大后使车刀前后车削便能切削出与靠模一样的曲线。

但这仅是形状与靠模相同的曲线，尺

▲ ▶ 利用靠模板的仿形车削

153

车刀装在主轴上进行切削

车床有将工件和车刀的位置加以调换进行切削的情况，就是说车刀安装在主轴侧而工件安装在往复工作台上，使车刀旋转向工件进给进行切削。

把车刀安装在主轴侧的方法有两种，即通过卡盘加装车刀的方法和利用主轴莫氏锥度孔的

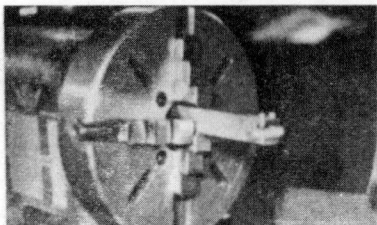

◀ 车刀装在卡盘上的方法

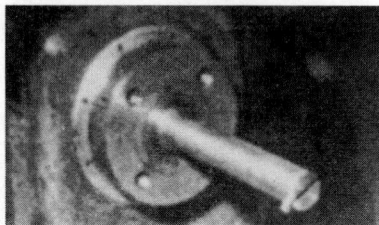

▶ 利用主轴的莫氏锥度孔

▲ 通过把长车刀装在往复工作台的特殊夹具和固定中心架上进行定心。进给当然是使往复工作台在固定中心架上滑动。

方法。

从车刀的旋转情况可以知道这是镗削作业，而且工件孔的中心必须在往复工作台之上进行调节取得。小孔径要靠从刀杆开始的车刀伸出长度来保证，大孔径则是使车刀本身转动来保证。

这种切削是在没有镗床、铣床的地方所采取的。

▲ 镗孔两个以上水平排列，可由中滑板的移动使被切削材料挪一挪。

▲ 这种情况下因为被切削材料的尺寸比底座上的振摆大，所以转不起来。

▲ 这个使用花盘、角板可能更方便，但考虑被切削材的重量、样式还是这种情况稳定。

▲ 即使这么大的孔，只要在卡盘上错开增加车刀的位置，不管多少都能加工，这也是转动车刀切削的优点。

车床的刀架本是用来装车刀的，但在没有铣床的情况下，可以以车床加工原态进行后加工，即使工件没进行定心，也能完成。从往复工作台上拆下刀架，考虑采用本页中的各种装置设备，

车床是万能机床

1 这是在车床切削的轴上用立铣刀从侧面加工键槽的情况。

2 用面铣刀对四角加工轴端，近右侧可看见立铣刀加工的槽。

3 用侧面刃铣刀对轴直角开缺口。轴端上的键槽已加工

4 这种圆柱如何磨削？可以用廉价车床代替昂贵磨床进行加工。

这样一来车床的确成为万能机床了。

5 这是磨削加工电动机的转子。

6 也有这样进行内面磨削的方法，这是车床充当万能机床的好例子。

7 车床加工端面和孔，进行该孔的内面磨削。

8 根据主轴分度用钻头钻孔。

157

特殊加工

◀ 这是在车间进行的长轴加工，没采用96页那种止振装置，而是采用紧紧支承全周的类似于滑动轴承的设备。为防止长工件产生挠曲变形，可在木制承重台上垫以木楔来调节高度，长约13m。

▶ 被切削材料是软的，这是一套进行8个月以上反复加工的车刀。一次加工的数量不太多，以中等数量反复生产，是在3个地方一次同时加工。夹具上基本面有两个，所以若用相同车床加工，则不用定尺寸。

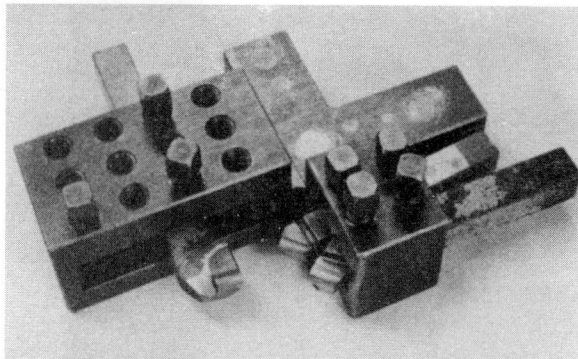

◀ 这是7条蜗杆的加工。前置角为45°，力矩大。渐开线曲度难以保证，螺距精确度等比较高，很难加工，精加工一个件需要1个月。

▲ 这是为在滑动轴承（轴承合金）内侧刻油槽而将普通车床改造的设备。虽说是改造，但若把此装置拆除通常就不能使用了。油槽基于中央可见的平板凸轮的销孔能做出长圆、8字状及其他各种形状。

▲ 加工本身是简单的。被切削材料、车床都很大，并且是变化的，也没有尾座。不是落地车床那样以端面切削为主的设备。

◀ 这是炼铁厂的轧辊整形加工，用大的成形车刀加工。说是车刀却没有杆，全部是刀，用螺栓紧固，从下面安装。切削刃长度为250mm。

◀ 只要把两把车刀的刀尖正确进行定位，用一半切削时间即可完成。稍长的工件加工数量多时目的是成倍提高效率。

数控加工

在中量、反复生产复杂的产品方面，数控加工（Numerical Control，简称 NC）是非常方便的。如是大批量则使用专用机床、专用夹具或将工序进行分解，如是小批量则用普通车床加工。比较麻烦的是中等批量而又反复生产的情况，特别是加工复杂的工件时，最要求熟练操作。数控机床能加工螺纹、锥形、阶梯、槽、曲面等。

下面简要介绍一下数控程序。将此纸带装进 NC 装置，检测出其数值，通过液压传

▲ 这是数控车床

▲ 数控装置是这样的

1234567890ABC~ XYZ+-/CRERDE'

▲ 纸带是采用二进制，根据孔的位置表现数、文字、符号（中央的小孔用于纸带进给）

160

动把它转换为改变旋转速度、刀具交换等车床的各种操作。

这样就可使某种作业按事前编出的程序自动执行了。其效率的高低依据程序好坏而定，因此对编写程序的人来说实际车床操作经验非常重要。

换刀时使用快速换刀装置，用工具显微镜正确调节好刀尖位置。

▲ 数控加工用刀具

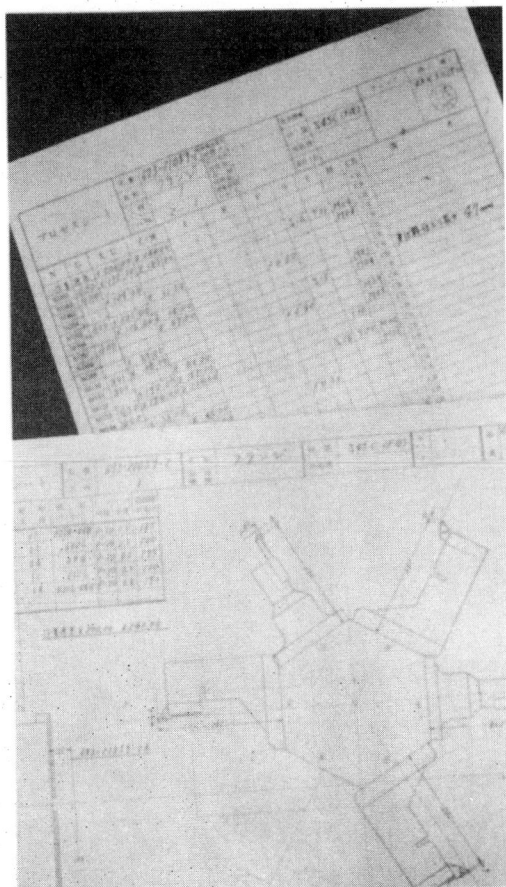

▲ 数控加工的情况

▲ 程序单

▲ 成品